Sven Bodo Wirsing

Endvertauschbare Anordnungen und die Struktur der Einheitengruppen modularer Gruppenalgebren

Mit 167 Übungsaufgaben

disserta
Verlag

Wirsing, Sven Bodo: Endvertauschbare Anordnungen und die Struktur der Einheitengruppen modularer Gruppenalgebren. Mit 167 Übungsaufgaben. Hamburg, disserta Verlag, 2015

Buch-ISBN: 978-3-95935-184-3
PDF-eBook-ISBN: 978-3-95935-185-0
Druck/Herstellung: disserta Verlag, Hamburg, 2015

Bibliografische Information der Deutschen Nationalbibliothek:
Die Deutsche Nationalbibliothek verzeichnet diese Publikation in der Deutschen Nationalbibliografie; detaillierte bibliografische Daten sind im Internet über http://dnb.d-nb.de abrufbar.

© disserta Verlag, Imprint der Diplomica Verlag GmbH
Hermannstal 119k, 22119 Hamburg
http://www.disserta-verlag.de, Hamburg 2015
Printed in Germany

Meinen Eltern

Inhaltsverzeichnis

Einleitung

Die Gruppentheorie hat sich über Jahrzehnte zu einem zentralen Gebiet der Algebra entwickelt. Neben spezifisch gruppentheoretischen Methoden werden auch Methoden aus anderen Bereichen der Algebra zur Klärung der Struktur von Gruppen eingesetzt. An vorderer Stelle sind hier etwa die Darstellungstheorie und die damit eng verknüpfte Charaktertheorie zu nennen. Das genaue Studium der Gruppenalgebra ist die Quelle der Einsichten über Moduln und Charaktere, die jene Theorien so überaus erfolgreich machen. Es ist daher seit langem zu einem inhaltsreichen Forschungsgebiet von eigenständigem Interesse innerhalb der Algebrentheorie geworden (S. Jennings [14], 1941 und D.S. Passman [19], 1977). Ob eine Gruppenalgebra über einem Körper K halbeinfach ist oder der modulare Fall vorliegt, läßt sich bekanntlich nach dem Satz von Maschke an der Charakteristik von K erkennen. Die vorliegende Arbeit widmet sich dem Studium der Einheitengruppen von Gruppenalgebren über p-Gruppen und Körpern der Charakteristik p.

Die Struktur der Einheitengruppe der Gruppenalgebra wurde für *abelsche* p-Gruppen und endliche Körper der Charakteristik p von R. Sandling in [22], von A. Albrecht in [1] sowie von A.A. Bovdi und A. Szakacs in [6] behandelt. Ein Ziel der vorliegenden Arbeit ist die Untersuchung des *Zentrums* der Einheitengruppe $E(KG) = (1_G + rad(KG)) \times (K \setminus \{0_K\}) \cdot 1_G$ der Gruppenalgebra KG für eine nicht-abelsche p-Gruppe G und einen Körper K der Charakteristik p.

In Verallgemeinerung eines Resultats von K.R. Pearson [20] zeigen wir im ersten Kapitel für eine beliebige Untergruppe U von G zunächst, daß $Z(G) \cap U$ das Herz von U in $1_G + rad(KG)$ ist (1.2.3). Der Normalisator von U in $1_G + rad(KG)$ ist durch $N_G(U) \cdot C_{1_G + rad(KG)}(U)$ gegeben, wie im Anschluß bewiesen wird (1.3.6). Der Spezialfall $U = G$ findet sich bereits in einer Arbeit von D.B. Coleman ([8]).

Unser Zugang zum Zentrum von $E(KG)$ verwendet das – in dieser Arbeit entwickelte – Konzept der sogenannten „endvertauschbaren Anordnung" von Algebren-Elementen, das im zweiten Kapitel vorgestellt wird.

Wir zeigen in 2.3.6, daß eine endliche Gruppe G genau dann nilpotent ist, wenn jede Konjugiertenklasse von G endvertauschbar angeordnet werden kann. Darüber hinaus erhalten wir in 2.1.5 auf einfache Weise für endvertauschbar angeordnete K-Algebren-Elemente $a_1, \ldots, a_n$ die wichtige Identität $(\sum_{i=1}^{n} a_i)^{p^r} = \sum_{i=1}^{n} a_i^{p^r}$ $(p = char(K), r \in \mathbb{N})$. Für den – auch für unsere Zwecke – besonders interessierenden Fall, daß $\{a_1, \ldots, a_n\}$ eine Konjugiertenklasse einer endlichen p-Gruppe G ist, haben A.A. Bovdi und Z. Patay in [3] diese bereits auf andere Weise hergeleitet. Als Anwendung erhalten wir einen Satz derselben Autoren, der zeigt, daß und wie sich der Exponent von $Z(1_G + rad(KG))$ allein durch Berechnungen innerhalb der Gruppe G bestimmen läßt (2.4.8). Schließlich beweisen wir als Vorbereitung auf Kapitel 3 einige Abschätzungen für diesen Exponenten.

Die Zahl $\frac{|G|}{p^2}$ ist der maximal mögliche Wert, den der Exponent von $Z(1_G + rad(KG))$ für eine nicht-abelsche p-Gruppe G annehmen kann (2.5.3). In Abschnitt 1 von Kapitel 3 gelingt es uns, die Gruppen zu beschreiben, bei denen dieser Maximalwert angenommen wird: Entweder ist das Zentrum von G zur zyklischen Gruppe der Ordnung $\frac{|G|}{p^2}$ isomorph oder es gibt eine zyklische maximale Untergruppe in G (3.1.6).
Die Gruppen, für die das Zentrum von $1_G + rad(KG)$ elementar-abelsch ist, können wir andererseits in Abschnitt 2 von Kapitel 3 wie folgt kennzeichnen: Das Zentrum von G ist elementar-abelsch, und für alle $g \in G \setminus Z(G)$ gilt $C_G(g) < C_G(g^p)$ (3.2.1). Zum Beispiel erfüllen die p-Sylow-Untergruppen von $GL(n, GF(p^k))$ diese Bedingungen (3.2.2.6).
In diversen interessanten Fällen ist der Exponent von $Z(1_G + rad(KG))$ einfach gleich dem von $Z(G)$: Wir beweisen dies für p-Gruppen G, für die $exp(G/Z(G)) \leq exp(Z(G))$ gilt (3.2.3) sowie – mit ganz anderer Begründung – für reguläre p-Gruppen (3.2.5).
In den weiteren Abschnitten dieses Kapitels studieren wir das Verhalten des Exponenten unter Gruppenkonstruktionen. Bei direkten Produkten zweier p-Gruppen G, H mit vereinigten zentralen Untergruppen ergibt sich derselbe Exponent wie beim direkten Produkt, nämlich $max\{exp(Z(1_G + rad(KG))), exp(Z(1_G + rad(KH)))\}$ (3.3.7).
Weiter gelingt es uns, die Berechnung des Exponenten auf die zur Konstruktion des Kranzproduktes $G \wr_\delta H$ verwendeten Ingredienzien G, H und δ zu reduzieren (3.4.11). Insbesondere erhalten wir, daß er sich bei beliebiger Operation δ nach unten durch $exp(Z(1_G + rad(KG)))$ und nach oben durch $exp(Z(1_{G \times H} + rad(G \times H)))$ abschätzen läßt (3.4.18). Die untere Schranke wird zum Beispiel bei treuer (3.4.16) und die obere Schranke zum Beispiel bei trivialer Operation angenommen (3.4.17).
Bei Dieder- und Quaternionengruppen gleicher Ordnung ist der Exponent des Zentrums von $1_G + rad(KG)$ derselbe. In der generellen Situation von Erweiterungen abelscher p-Gruppen bei gleicher Operation erhalten

wir, allerdings nur unter einer geeigneten Zusatz-Voraussetzung, das entsprechende Resultat (3.5.6).

Das Konzept der endvertauschbaren Anordnung erlaubt neben der Berechnung des Exponenten von $Z(1_G + rad(KG))$ auch die Beschreibung der p-Potenz-Struktur von $Z(1_G + rad(KG))$ und damit – in dem Fall eines endlichen Körpers – die Ermittlung der Invarianten dieser abelschen p-Gruppe. Dieses Problem reduziert sich auf das entsprechende für den direkten Faktor $1_G + rad(KZ(G))$ und den Kofaktor $1_G + \langle \{ \sum_{x \in g^G} x \mid g \in G \setminus Z(G) \} \rangle_K$ des Zentrums von $1_G + rad(KG)$ (4.1.5). Die Invarianten des ersten Faktors sind – wie eingangs erwähnt – vollständig bekannt, und die des zweiten Faktors beschreiben wir auf zweierlei Weisen allein durch Berechnungen in der Gruppe G und in dem Körper K (4.3.1.3, 4.3.2.6). Eine weitere Beschreibung findet sich in der Arbeit von A.A. Bovdi und Z. Patay in [4]. Im letzten Abschnitt dieses Kapitels berechnen wir die Invarianten in einigen Beispielen. Dabei zeigt sich u.a., daß die Zentren von $1_G + rad(KG)$ für die Quaternionen-, Dieder- und Semidiedergruppen gleicher Ordnung und einem endlichen Körper der Charakteristik 2 isomorph sind (4.5.2.2).

Im letzten Kapitel dieser Arbeit beweisen wir zunächst, daß die Ableitung von $1_G + rad(KG)$ nur für abelsches G zyklisch ist (5.1.4). Unerwartet aufwendiger ist der anschließend bewiesene Satz, daß $(1_G + rad(KG))^p$ genau dann zyklisch ist, wenn entweder G elementar-abelsch ist oder G abelsch ist und $p = \mid G^2 \mid = \mid K^2 \mid = 2$ gilt (5.2.11).
Leicht läßt sich einsehen, daß die Gruppe $1_G + rad(KG)$ nur für eine extra-spezielle 2-Gruppe G speziell sein kann (5.3.9). Für eine solche stimmt das elementar-abelsche Zentrum von $1_G + rad(KG)$ stets mit der Frattini-Untergruppe von $1_G + rad(KG)$ überein (5.3.2, 5.3.3). Die vollständige Klärung der Frage, für welche extra-speziellen 2-Gruppen G und Körper K der Charakteristik 2 die Gruppe $1_G + rad(KG)$ eine spezielle 2-Gruppe ist, erfolgt im Rahmen dieser Arbeit nicht. In dem kleinsten relevanten Fall besitzt die Ableitung von $1_G + rad(KG)$ genau den Index 2 in $Z(1_G + rad(KG))$ (5.3.10).

8

Symbolverzeichnis

Wir listen die in der vorliegenden Arbeit benutzten Symbole kapitelweise auf. Dabei geben wir zu jedem Symbol eine Kurzdefinition an, und die Nummern hinter dieser Definition besagen, in welchem Abschnitt und auf welcher Seite dieser Arbeit das Symbol zum ersten Mal erscheint.

Kapitel 1

10

Kapitel 2

Kapitel 3

Kapitel 4

Kapitel 5

Kapitel 1

Herzen und Normalisatoren in Einheitengruppen von Gruppenalgebren

1.1 Erste einfache Reduktion

In dieser Arbeit verwenden wir die Sprechweise „K-Algebra" für eine Algebra über einem kommutativen unitären Ring K.

1.1.1 Definition

Ist A eine K-Algebra, so definieren wir für alle $a, b \in A$

$$a * b := a + b + ab$$

und nennen, B.L. van der Waerden folgend, $*$ die Sternverknüpfung auf A.◇

1.1.2 Bemerkung

Für jede assoziative K-Algebra A gelten:

(i) $(A; *)$ ist ein Monoid mit neutralem Element 0_A.

(ii) Ist A unitär, so ist die Abbildung $A \to A$, $a \mapsto 1_A + a$ ein Monoidisomorphismus von $(A; *)$ auf $(A; \cdot)$.◇

1.1.3 Definition

Ist A eine assoziative K-Algebra, so bezeichnen wir mit $Q(A)$ die Einheitengruppe des Monoids $(A; *)$ und für jedes $a \in Q(A)$ mit a' das Inverse von a in $Q(A)$. Die Elemente von $Q(A)$ nennen wir sternregulär (oder auch quasi-regulär) und die Gruppe $Q(A)$ die Sterngruppe von A. Ist zusätzlich

A unitär, so sei $E(A)$ die Einheitengruppe von A.⋄

Die folgende triviale Bemerkung zeigt uns, daß für eine nicht notwendig unitäre assoziative K-Algebra ihre Sterngruppe als Einheitengruppe angesehen werden kann.

1.1.4 Bemerkung

Für jede K-Algebra A gelten:

(i) Für alle $a, b, c, d \in A$ gilt $(a + b) * (c + d) = a * c + b * d + ad + bc$.

(ii) Ist A assoziativ, so gilt für alle $a, t \in Q(A) : a' {*} t {*} a = t + a' t + ta + a' ta$.

(iii) Ist A assoziativ und unitär, so ist die Einschränkung der Abbildung $A \to A$, $a \mapsto 1_A + a$ auf $Q(A)$ ein Gruppenisomorphismus von $Q(A)$ auf $E(A)$.⋄

1.1.5 Proposition

Für jede assoziative K-Algebra A gelten:

(i) Für jede Teilalgebra T von A ist $Q(T)$ eine Untergruppe von $Q(A)$.

(ii) Für jedes Ideal I von A ist $Q(I)$ ein mit $Q(A) \cap I$ übereinstimmender Normalteiler von $Q(A)$.

Beweis: ad(i): Diese Aussage ist offensichtlich.

ad(ii): Nach (i) ist $Q(I)$ eine Untergruppe von $Q(A)$. Für alle $a \in Q(A) \cap I$ gilt $a' = -a - aa' \in I$, woraus wir $Q(A) \cap I = Q(I)$ schließen. Ist $t \in Q(I)$ und $a \in Q(A)$, so gilt nach Teil (ii) von Bemerkung 1.1.4 $a' * t * a = t + a' t + ta + a' ta$, also $a' * t * a \in Q(A) \cap I = Q(I)$. ⋄

1.1.6 Definition

Ist A eine K-Algebra, so nennen wir ein Paar (I, T) eine semidirekte bzw. direkte Zerlegung von A, falls A die innere direkte Summe des Ideals I und der Teilalgebra bzw. des Ideals T von A ist.
Für eine Gruppe G nennen wir ein Paar (N, U) eine semidirekte bzw. direkte Zerlegung von G, falls G das Produkt des Normalteilers N und der Untergruppe bzw. des Normalteilers U von G ist sowie $N \cap U = \{1_G\}$ gilt.⋄

1.1.7 Proposition

Ist A eine assoziative K-Algebra und (I,T) eine semidirekte Zerlegung von A, so ist $(Q(I), Q(T))$ eine semidirekte Zerlegung von $Q(A)$.

Beweis: Nach Proposition 1.1.5 ist $Q(I)$ ein Normalteiler und $Q(T)$ eine Untergruppe von $Q(A)$, deren Schnittmenge offenbar $\{0_A\}$ ist.
Sei $q \in Q(A)$. Dann existieren $i, j \in I$ und $t, s \in T$ mit $q = i + t$ und $q' = j + s$. Aus $0_A = q * q'$ folgt mit Teil (i) von Bemerkung 1.1.4 $0_A = t * s + i * j + tj + is$, woraus wir $t * s = 0_A$ schließen. Mit Hilfe der Gleichung $0_A = q' * q$ können wir analog $s * t = 0_A$ beweisen. Also gelten $t \in Q(T)$ und $t' = s$. Aus Teil (i) von Bemerkung 1.1.4 erhalten wir $(i + is) * t = i * t + is + ist = i + t + it + is + ist = i + t + i(s * t) = q$. Wegen $q \in Q(A)$ und $t \in Q(T)$ ergibt sich $i + is \in Q(A) \cap I$, und aus Teil (ii) von Proposition 1.1.5 folgt die Behauptung. $\diamond$

1.1.8 Folgerung

Ist (I,T) eine semidirekte Zerlegung der assoziativen K-Algebra A, so gelten:

(i) Ist T ein Ideal von A oder T zentral in A, so ist $(Q(I), Q(T))$ eine direkte Zerlegung von $Q(A)$.

(ii) Ist A unitär, so ist $(1_A + Q(I), 1_A + Q(T))$ eine semidirekte Zerlegung von $E(A)$.

(iii) Ist A unitär und $(Q(I), Q(T))$ eine direkte Zerlegung von $Q(A)$, so ist $(1_A + Q(I), 1_A + Q(T))$ eine direkte Zerlegung von $E(A)$.

Beweis: ad(i): Diese Aussage folgt direkt aus Proposition 1.1.7 und Teil (ii) von Proposition 1.1.5, da $Q(T)$ in den aufgeführten Fällen ein Normalteiler von $Q(A)$ ist.

ad(ii) und (iii): Diese Aussagen ergeben sich direkt aus Proposition 1.1.7 und Teil (iii) von Proposition 1.1.5. $\diamond$

1.1.9 Definition

(i) Ist K ein Körper und $n \in \mathbb{N}_0$, so sei $n_K := \sum\limits_{i=1}^{n} 1_K$.

(ii) Für jede endliche Teilmenge M einer K-Algebra A setzen wir $\overline{M} := \sum\limits_{m \in M} m$. Zudem sei für eine Gruppe G, eine endliche und nichtleere Teilmenge H von G und einen Körper K, dessen Charakteristik nicht $\mid H \mid$ teilt, $e_H := \frac{1}{|H|_K}\overline{H}.\diamond$

1.1.10 Proposition

Seien G eine Gruppe, H eine endliche und nichtleere Teilmenge von G und K ein Körper, dessen Charakteristik nicht $\mid H \mid$ teilt. Genau dann ist e_H ein Idempotent von KG, wenn H eine Untergruppe von G ist.

Beweis: Ist H eine Untergruppe von G, so gilt für alle $h \in H$ die Gleichung $h\overline{H} = \overline{H}$, woraus wir $\overline{H}^2 = \mid H \mid_K \overline{H}$ und damit $(e_H)^2 = e_H$ schließen.

Ist umgekehrt e_H ein Idempotent von KG, so gilt $\overline{H}^2 = \mid H \mid_K \overline{H}$. Seien $x, y \in H$. Dann gibt es ein $k \in K$ und ein $h \in H$, so daß $kxy = \mid H \mid_K h$ gilt. Wäre $xy \neq h$, so müßte $\mid H \mid_K = 0_K$ gelten, was ein Widerspruch ist. Aus diesem erhalten wir $xy = h \in H$, und wegen der Endlichkeit von H ist H eine Untergruppe von G.$\diamond$

1.1.11 Definition

(i) Ist K ein Körper, so bezeichnen wir mit $\cong_K$, $\langle \ldots \rangle_K$ etc. die Isomorphie, das Erzeugnis etc. innerhalb der Klasse der K-Vektorräume.

Mit $\mathcal{A}$, $\mathcal{A}_1$, $\mathcal{L}$ bzw. $\mathcal{G}$ bezeichnen wir die Klasse der assoziativen Algebren über K, die Klasse der assoziativen unitären Algebren über K, die Klasse der Lie-Algebren über K bzw. die Klasse der Gruppen. Ist $\mathcal{X}$ eine dieser Klassen, so bezeichnen wir mit $\cong_\mathcal{X}$, $\langle \ldots \rangle_\mathcal{X}$ etc. die Isomorphie, das Erzeugnis etc. innerhalb der Klasse $\mathcal{X}$.

(ii) Für alle $n \in \mathbb{N}$ seien $\underline{n} := \mathbb{N}_{\leq n}$ und $\underline{n}_0 := \underline{n} \cup \{0\}$.$\diamond$

1.1.12 Definition

Seien K ein Körper und V ein endlich-dimensionaler K-Vektorraum. Für eine K-Basis B von V sei $Aug_B(V) := \langle \{b_1 - b_2 \mid b_1, b_2 \in B\} \rangle_K$. Ist $v \in V$, so gibt es zu jedem $b \in B$ genau ein $k_b \in K$, so daß $v = \sum_{b \in B} k_b b$ gilt, und wir definieren $aug_B(v) := \sum_{b \in B} k_b$. Für ein endliches Magma M setzen wir $Aug(KM) := Aug_M(KM)$ und nennen in diesem Fall $Aug(KM)$ das Augmentationsideal von KM. Ist $x \in KM$, so schreiben wir $aug(x)$ an Stelle von $aug_M(x)$ und nennen $aug(x)$ die Augmentation von x.$\diamond$

1.1.13 Bemerkung

Seien K ein Körper, M ein endliches und nichtleeres Magma sowie $aug : KM \to K$ die K-lineare Fortsetzung (kurz:„Linearisierung") der Abbildung $M \longrightarrow K$, $m \mapsto 1_K$. Dann ist die Augmentationsabbildung aug ein Algebren-Epimorphismus, und es gilt $Kern(aug) = Aug(KM)$. Insbesondere ist $Aug(KM)$ ein Ideal der Kodimension 1 (also insbesondere ein maximales Ideal) von KM, und für jedes $m \in M$ ist die Menge $\{x - m \mid x \in M \backslash \{m\}\}$ eine K-Basis von $Aug(KM)$.◇

1.1.14 Definition und Bemerkung

Seien K ein Körper, G eine Gruppe, N ein Normalteiler von G und $p_N : KG \longrightarrow K(G/N)$ die Linearisierung des natürlichen $\mathcal{G}$-Epimorphismus $G \longrightarrow G/N$, $g \mapsto Ng$. Nach Lemma 1.8 von Kapitel 1 in [19] ist der Kern von p_N durch $KG \, Aug(KN) = Aug(KN) \, KG$ gegeben.◇

Zu dem folgenden Lemma existieren in der Literatur zahlreiche Beweise (vgl. etwa die Arbeiten von D.A.R. Wallace in [28], von L.E. Dickson[1] in [11] oder von R.L. Kruse und D.T. Price in [16]). Wir geben nun eine weitere Beweisalternative an.

---

[1]Leonard Eugene Dickson (geboren am 22. Januar 1874 in Independence, Iowa; gestorben am 17. Januar 1954 in Harlingen, Texas) war ein US-amerikanischer Mathematiker, der vor allem auf dem Gebiet der Zahlentheorie und der Algebra arbeitete. Dickson wuchs in Cleburne, Texas, auf, wo sein Vater Bankier und Kaufmann war. Er studierte an der University of Texas at Austin bei William Halsted Mathematik und machte dort 1894 sein Diplom (M.S.). Zunächst arbeitete er wie sein Lehrer über Geometrie, wechselte aber bei seiner Promotion 1896 an der University of Chicago (der ersten in Mathematik an dieser Universität), wo er bei Heinrich Maschke, Oskar Bolza und Eliakim Hastings Moore studierte, zur Gruppentheorie. Danach besuchte er die führenden europäischen Gruppentheoretiker Sophus Lie in Leipzig und Camille Jordan in Paris. 1899 wurde er Professor in Austin und ab 1900 auf Bemühung von Moore hin in Chicago, wo er 1910 eine volle Professur erhielt und bis zu seiner Emeritierung 1939 blieb, von mehreren Gastprofessuren an der University of California, Berkeley abgesehen. Aus seiner Dissertation ging 1901 ein Buch über endliche Gruppen hervor, insbesondere als Matrizengruppen (allgemeine lineare Gruppe) in endlichen Körpern beliebiger Primzahlpotenzcharakteristik (Galoiskörper), in dem er viele Resultate von Camille Jordan, Émile Mathieu u.a. fortführte und vereinfachte. Er leistete auch Beiträge zur additiven Zahlentheorie, zum Beispiel im Waring Problem (wo aus der Arbeit von ihm, S. S. Pillai und anderen eine genaue Formel für $g(k)$ folgt). Seine History of the theory of numbers gilt als Standardwerk, wo viele Ergebnisse der Zahlentheorie in ihrer Geschichte genau zurückverfolgt werden können. In seine Zeit in Chicago fällt der Aufenthalt des schottischen Mathematikers Wedderburn, der bewies, dass alle endlichen Divisionsalgebren kommutativ sind. Hier arbeitete er eng mit Dickson zusammen, der unabhängig Beweise für diesen Satz fand. Dickson machte die Theorie der Algebren zu einem weiteren Schwerpunkt seiner Arbeit, und das Buch Die Algebren und ihre Zahlentheorie beeinflusste die Arbeit der algebraischen Schule von Emmy Noether und Helmut Hasse in Deutschland, wo in den 1920er und 1930er Jahren wichtige Resultate erzielt wurden, stark. Dickson war der erste, der den Colepreis für Algebra erhielt (1928 für sein Buch Algebren und ihre Zahlentheorie). Er war maßgeblich am Aufschwung der Algebra in den USA beteiligt und schuf eine große Schule, er stellte aber auch hohe Anforderungen an seine Studenten. 1920 hielt er einen Plenarvortrag auf dem Internationalen Mathematikerkongress in Straßburg (Some Relations between the Theory of Numbers and Other Branches of Mathematics) und ebenso 1925 in Toronto (Outline of the theory to date of the arithmetics of algebras). 1915 wurde er in die American Academy of Arts and Sciences gewählt. Er war seit 1902 verheiratet und hatte drei Kinder.

1.1.15 Lemma (Wallace)

Sind p eine Primzahl, G eine p-Gruppe und K ein Körper mit $char(K) = p$, so ist $Aug(KG)$ das Radikal von KG.

Beweis: Wir beweisen dieses Lemma durch vollständige Induktion nach der Gruppenordnung von G. Sei $n \in \mathbb{N}$, und es gelte $|G| = p^n$.

1.Fall: Sei G abelsch.
Dann ist KG kommutativ, und das Radikal von KG besteht genau aus den nilpotenten Elementen von KG. Die Ordnungen der Elemente von G sind p-Potenzen, und daher gilt für alle $g \in G$ wegen $char(K) = p$ und wegen des Binomialsatzes die Gleichung $(g - 1_G)^{o(g)} = g^{o(g)} - 1_G = 0_{KG}$. Daraus schließen wir, daß $G - 1_G$ und damit auch $Aug(KG)$ in $rad(KG)$ enthalten ist. Wegen der Maximalität von $Aug(KG)$ ist die Behauptung in diesem Fall bewiesen.

2.Fall Sei G nicht abelsch.
Da G eine nicht-abelsche p-Gruppe ist, gilt $\{1_G\} < Z(G) < G$. Der erste Fall zeigt uns, daß $Aug(KZ(G))$ $\mathcal{A}$-nilpotent ist, und nach Definition und Bemerkung 1.1.14 erhalten wir die $\mathcal{A}$-Nilpotenz von $Kern\,p_{Z(G)}$. Also gilt $Kern\,p_{Z(G)} \subseteq rad(KG)$, und $Kern\,p_{Z(G)}$ ist in jedem maximalen Ideal von KG enthalten. Aus Induktionsgründen enthält $K(G/Z(G))$ und damit auch $KG/Kern\,p_{Z(G)}$ genau ein maximales Ideal. Mit dem Homomorphiesatz ergibt sich, daß auch KG nur ein maximales Ideal besitzt. $\diamond$

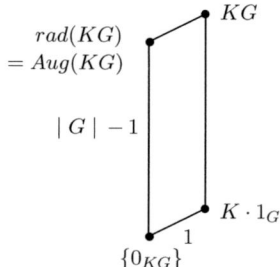

1.1.16 Bemerkung

(i) Ist K ein Körper, so gilt $E(K) = K \setminus \{0_K\}$, und damit folgt aus Teil (iii) von Bemerkung 1.1.4 die Identität $Q(K) = K \setminus \{-1_K\}$. Eine leichte Rechnung zeigt uns $k' = -k(k + 1_K)^{-1}$ für alle $k \in K \setminus \{-1_K\}$.

(ii) Seien A eine assoziative K-Algebra und a ein nilpotentes Element von A. Dann existiert ein $n \in \mathbb{N}$, so daß $a^n = 0_A$ gilt. Wie wir leicht nachweisen können, gelten $a \in Q(A)$ und $a' = \sum\limits_{i=1}^{n-1} (-1_K)^i a^i$.$\diamond$

1.1.17 Folgerung

Seien p eine Primzahl, G eine p-Gruppe und K in Körper mit $char(K) = p$.

(i) KG ist eine lokale K-Algebra.

(ii) $(rad(KG), (K \setminus \{-1_K\}) \cdot 1_G)$ ist eine direkte Zerlegung von $Q(KG)$.

(iii) $(1_G + rad(KG), (K \setminus \{0_K\}) \cdot 1_G)$ ist eine direkte Zerlegung von $E(KG)$.

(iv) $Q(KG)$ bzw. $E(KG)$ ist die Menge der Elemente von KG, deren Augmenation nicht -1_K bzw. nicht 0_K ist.

(v) G bzw. $G - 1_G$ ist eine Untergruppe von $(1_G + rad(KG); \cdot)$ bzw. von $(rad(KG); *)$.

(vi) Ist K endlich, so gilt $| rad(KG) | = | 1_G + rad(KG) | = | K |^{|G|-1}$. Insbesondere ist $1_G + rad(KG)$ eine G enthaltene p-Gruppe.

Beweis: ad(i): Die Radikalfaktorstruktur von KG ist nach Lemma 1.1.15 zu K $\mathcal{A}_1$-isomorph, woraus wir (i) erhalten.

ad(ii): Das Paar $(Aug(KG), K \cdot 1_G)$ ist eine semidirekte Zerlegung von KG. Da $K \cdot 1_G$ zentral ist, folgt aus Proposition 1.1.7 und Teil (i) von Folgerung 1.1.8, daß $(Q(Aug(KG)), Q(K \cdot 1_G))$ eine direkte Zerlegung von $Q(KG)$ ist. Wegen des Lemmas 1.1.15 und der Bemerkung 1.1.16 ergibt sich nun (ii).

ad(iii): Diese Aussage folgt aus (ii) und Teil (iii) von Folgerung 1.1.8.

ad(iv): Da das Augmentieren ein $\mathcal{A}_1$-Homomorphismus ist, besitzen nach (iii) und Lemma 1.1.15 alle Elemente von $E(KG)$ eine von Null verschiedene Augmentation.
Sei $x \in KG$, und es gelte $aug(x) \neq 0_K$. Da $(Aug(KG), K \cdot 1_G)$ eine semidirekte Zerlegung von KG ist, gibt es ein $k \in K$ und ein $r \in Aug(KG)$, so daß $x = r + k1_G$ gilt, woraus wir $k \neq 0_K$ schließen. Wegen $x = (1_G + k^{-1}r) \cdot (k1_G) \in (1_G + Aug(KG)) \cdot ((K \setminus \{0_K\}) \cdot 1_G)$ und (ii) gilt

somit $x \in E(KG)$.

Aus dieser Aussage über $E(KG)$ und aus Teil (iii) von Bemerkung 1.1.4 folgern wir, daß $Q(KG)$ genau aus den Elementen von KG besteht, deren Augmentation ungleich -1_K ist.

ad(v): Offenbar ist $G - 1_G$ in $Aug(KG)$ enthalten. Nach Lemma 1.1.15 und Teil (ii) von Bemerkung 1.1.16 ist $Aug(KG)$ bezüglich $*$ eine Gruppe. Die Behauptung folgt nun aus Teil (iii) von Bemerkung 1.1.4.

ad(vi): Diese Aussage folgt aus Bemerkung 1.1.13. $\diamond$

1.1.18 Bemerkung

Für eine Primzahl p, eine p-Gruppe G und einen endlichen Körper K mit $char(K) = p$ stimmen G und $1_G + rad(KG)$ genau dann überein, wenn sowohl G als auch K zweielementig ist.$\diamond$

1.1.19 Beispiel

Seien $G := Q_8$ und K ein Körper mit zwei Elementen. Nach Folgerung 1.1.17 besteht die Sterngruppe bzw. die Einheitengruppe von KG genau aus den Elementen $\overline{T}$, für die T eine Teilmenge von G mit gerader bzw. ungerader Mächtigkeit ist. Dies sind nach Teil (vi) von Folgerung 1.1.17 genau $2^7 = 128$ Elemente.$\diamond$

1.1.20 Bemerkung

Ist K ein Körper und G die triviale Gruppe, so ist KG zu K $\mathcal{A}_1$-isomorph und damit insbesondere lokal.$\diamond$

1.1.21 Satz

Ist K ein Körper und G eine endliche, nicht triviale Gruppe, so sind die folgenden Aussagen äquivalent:

(i) KG ist lokal.

(ii) G ist eine p-Gruppe, und es gilt $char(K) = p$.

Beweis: Sei als erstes KG lokal. Dann besitzt KG genau ein maximales Ideal, woraus wir $Aug(KG) = rad(KG)$ erhalten. Wäre $char(K) = 0$, so müßte nach einem Satz von Maschke $rad(KG)$ und damit auch $Aug(KG)$ der Nullraum sein, was allerdings $\mid G \mid \neq 1$ widerspricht. Also gibt es eine Primzahl p mit $char(K) = p$. Angenommen es existiere ein Primteiler $q \neq p$ von $\mid G \mid$. Dann sei $g \in G$ mit $o(g) = q$, und wir definieren $H := \langle g \rangle_{\mathcal{G}}$.

Wegen der Proposition 1.1.10 ist $e_H := \frac{1}{q_K} \sum_{i=1}^{q} g^i$ ein Idempotent von KG, für das $aug(e_H) = 1_K$ gilt. Also ist $1_G - e_H$ ein Idempotent von $Aug(KG) = rad(KG)$. Aus der $\mathcal{A}$-Nilpotenz von $rad(KG)$ erhalten wir $1_G - e_H = 0_{KG}$, was ein Widerspruch ist. Somit ist G eine p-Gruppe, und es gilt (ii). Die Implikation $(ii) \Rightarrow (i)$ haben wir in Folgerung 1.1.17 gezeigt.◇

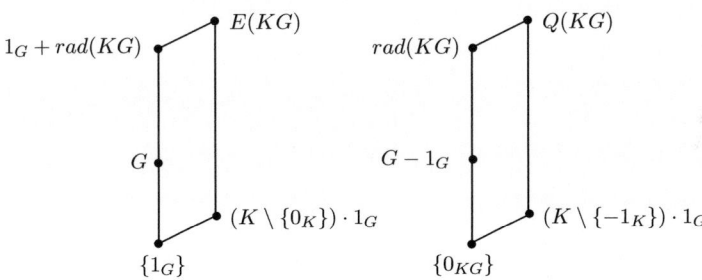

1.2 Herzen

1.2.1 Definition und Bemerkung

Seien G eine Gruppe und U eine Untergruppe von G. Mit $core_G(U) := \bigcap_{g \in G} U^g$ bezeichnen wir das Herz von U in G, also den größten in U enthaltenen Normalteiler von G.◇

1.2.2 Satz

Seien p eine Primzahl, G eine p-Gruppe, K ein Körper mit $char(K) = p$ und T eine Teilmenge von G. Es sind äquivalent:

(i) Für alle $x \in E(KG)$ gilt $T^x \subseteq G$.

(ii) Für alle $x \in 1_G + rad(KG)$ gilt $T^x \subseteq G$.

(iii) T ist zentral in G.

Beweis: Die Aussagen (i) und (ii) sind wegen des Teils (iii) von Folgerung 1.1.17 äquivalent, und offenbar folgt aus (iii) die Aussage (ii).

Es gelte nun $T^x \subseteq G$ für alle $x \in E(KG)$, und wir nehmen an, daß U nicht zentral in G ist. Dann gibt es ein $t \in T$ und ein $g \in G$, so daß

(1) $tg \neq gt$ gilt.

1.Fall: $char(K) \neq 3$
Wir definieren $x := 1_G + (1_G - g) + (1_G - t)$. Aus Satz 1.1.21 erhalten wir $x \in 1_G + rad(KG)$, und wegen $T^x \subseteq G$ existiert ein $h \in G$, so daß $tx = xh$ gilt. Aus dieser Gleichung ergibt sich

(2) $3_K t - 3_K h - tg - t^2 + gh + th = 0_{KG}$.

Wegen (1) gilt $t \notin \{t^2, tg, g, 1_G\}$. Wäre $t = h$, so würde mit (2) die Gleichung $-hg - h^2 + 2_K gh = 0_{KG}$ gelten. Doch (1) zeigt uns $h^2 \neq hg \neq gh$, und wir erhalten einen Widerspruch. Also haben wir

(3) $t \notin \{t^2, tg, h, g, 1_G\}$

gezeigt. Wegen $char(K) \neq 3$ zeigen (2) und (3), daß zumindest $t = gh$ oder $t = th$ gelten muß.

1.1 Fall: Es sei $t = th$, was zu $h = 1_G$ äquivalent ist.
Aus Gleichung (2) folgt dann

(4) $4_K t - 3_K 1_G - tg - t^2 + g = 0_{KG}$.

Mit Hilfe von (3) und (4) ergibt sich, daß $p = 2$ und $1_G + tg + t^2 + g = 0_{KG}$ gelten müssen, und aus (1) schließen wir daraus $t^2 = 1_G$ sowie $tg = g$. Das bedeutet insbesondere $t = 1_G$, was (1) widerspricht.

1.2 Fall Es sei $t \neq th$.
Dann gilt $t = gh$, und mit (3) und (2) erhalten wir $p = 2$ sowie

(5) $h + tg + t^2 + th = 0_{KG}$.

Würde $t^2 = tg$ und damit $t = g$ gelten, so wäre (1) nicht erfüllt.
Aus $t^2 = th$ würden wir mit (5) die Bedingungen $t = h$ und $h = tg$ erhalten, woraus wir $t = tg$ und damit $g = 1_G$ schließen. Wiederum läge ein Widerspruch zu (1) vor.
Somit müssen $t^2 = h$ und $tg = th$ gelten. Aber daraus folgern wir $g = t^2$, was erneut (1) widerspricht.

2.Fall $char(K) = 3$
Wir definieren $y := 1_G + (1_G - g) + (1_G - t) + (1_G - tg)$. Aus Satz 1.1.21

folgern wir $y \in 1_G + rad(KG)$, und wegen $T^y \subseteq G$ gibt es ein $h \in G$, so daß $ty = yh$ gilt. Daraus erhalten wir wegen $char(K) = 3$ die Gleichung

(6) $-tg - t^2 + t - t^2 g + gh + th - h + tgh = 0_{KG}$,

und (1) zeigt uns

(7) $t \notin \{tg, t^2, t^2 g\}$.

2.1 Fall: Es gelte $t = th$ und damit $h = 1_G$.
Aus (6) ergibt sich somit $2_K t - t^2 - t^2 g + g - 1_G = 0_{KG}$. Da wegen (1) das Element t nicht in der Menge $\{t^2, g, 1_G\}$ enthalten ist, liegt ein Widerspruch zu $p = 3$ vor.

2.2 Fall: Es gelte $t = h$.
Aus Gleichung (6) erhalten wir $-tg - t^2 g + gt + tgt = 0_{KG}$. Wegen (1) ist tg kein Element der Menge $\{t^2 g, gt, tgt\}$, was ein Widerspruch ist.

2.3 Fall: Es gelte $h \neq t \neq th$.
Mit (6), (7) und $p = 3$ ergibt sich $t = gh = tgh$, woraus unmittelbar $t = 1_G$ folgt. Das widerspricht erneut der Aussage (1). ◇

Daraus erhalten wir nun das folgende Resultat von K.R. Pearson:[2]

1.2.3 Folgerung (Pearson [20])

Ist p eine Primzahl, G eine p-Gruppe, U eine Untergruppe von G und K ein Körper mit $char(K) = p$, so gelten:

  (i) Genau dann ist U normal in $E(KG)$ bzw. in $1_G + rad(KG)$, wenn U zentral in G ist.

  (ii) Genau dann ist G normal in $E(KG)$ bzw. in $1_G + rad(KG)$, wenn G abelsch ist.

Beweis: Diese Aussagen folgen direkt aus Satz 1.2.2. ◇

1.2.4 Folgerung

Ist p eine Primzahl, G eine p-Gruppe, U eine Untergruppe von G und K ein Körper mit $char(K) = p$, so gelten:

  (i) $core_{E(KG)}(U) - core_{1_G + rad(KG)}(U) = Z(G) \cap U$

---

[2]Ein schöne Darstellung über K.R. Pearson, der 2015 verstarb, ist auf *http : //www.copsmodels.com/kenpearson.htm* zu finden.

(ii) $core_{E(KG)}(G) = core_{1_G+rad(KG)}(G) = Z(G)$

(iii) $core_{E(KG)}(U) = core_{E(KG)}(G) \cap U$

Beweis: ad(i): Da $Z(G) \cap U$ ein in U enthaltener Normalteiler von $E(KG)$ und von $1_G + rad(KG)$ ist, gilt nach Definition und Bemerkung 1.2.1 offenbar $(Z(G) \cap U) \subseteq (core_{E(KG)}(U) \cap core_{1_G+rad(KG)}(U))$. Aus Teil (i) von Folgerung 1.2.3 ergeben sich die anderen Inklusionen.

ad(ii)+(iii): Diese Aussagen folgen direkt aus (i).$\diamond$

1.2.5 Beispiel

Seien $G := Q_8$ und K ein Körper mit $char(K) = 2$. Da jede Untergruppe von G ein Normalteiler von G ist, stimmt nach Definition und Bemerkung 1.2.1 jede Untergruppe von G mit ihrem Herz in G überein. Jede nicht-triviale Untergruppe U von G enthält das Zentrum von G, und damit gilt nach Teil (i) von Folgerung 1.2.4 die Gleichung $core_{E(KG)}(U) = core_{1_G+rad(KG)}(U) = Z(G)$.$\diamond$

1.3 Normalisatoren

1.3.1 Definition

Sind M und N Mengen, so bezeichnen wir mit $Abb(M, N)$ die Menge der Abbildungen von M in N.$\diamond$

1.3.2 Bemerkung

Seien M eine Menge, T eine Teilmenge von M und α, $\beta \in Abb(M, M)$. Ist T unter α und β invariant, so gilt $(\alpha \beta)_{|_T} = \alpha_{|_T} \beta_{|_T}$.
Das Einschränken auf T ist also ein Homomorphismus zwischen dem Monoid der T-invarianten Abbildungen von M in M und dem Monoid $Abb(T, T)$.$\diamond$

1.3.3 Proposition

Seien K ein Körper und U eine Gruppe, die auf einer Gruppe G vermöge δ operiere. Für alle $u \in U$ seien $u\overline{\delta}$ die Linearisierung von $u\delta$ auf KG und $u\hat{\delta} := (u\overline{\delta})_{|_{E(KG)}}$. Dann operiert U vermöge $\hat{\delta}$ auf $E(KG)$, und für alle $u \in U$, $g \in G$ und $k_g \in K$ gilt $(\sum_{g \in G} k_g g)(u\overline{\delta}) = \sum_{g \in G} k_g g(u\delta)$.

Beweis: Sei $u \in U$. Dann ist $u\delta$ ein $\mathcal{G}$-Automorphismus von G. Also ist $u\overline{\delta}$ ein $\mathcal{A}_1$-Automorphismus von KG. Insbesondere ist $E(KG)$ unter $u\overline{\delta}$ invariant. Da δ ein $\mathcal{G}$-Homomorphismus ist, ist auch $\hat{\delta}$ ein solcher, und damit operiert U auf $E(KG)$. Die angegebene Gleichung ist leicht zu verifizieren.
$\diamond$

1.3.4 Definition

Seien K ein Körper und U eine Gruppe, die auf einer Gruppe G vermöge δ operiere. Wir nennen die in Proposition 1.3.3 konstruierte Gruppenoperation $\hat{\delta}$ die auf $E(KG)$ erweiterte Gruppenoperation von U bezüglich δ. $\diamond$

Das nächste Lemma untersucht die Beziehung zwischen δ und $\hat{\delta}$ hinsichtlich der Existenz von Fixpunkten.

1.3.5 Lemma

Seien p eine Primzahl, K ein Körper mit $char(K) = p$ und U eine p-Gruppe, die auf einer p-Gruppe G vermöge δ operiere. Es sind äquivalent:

(i) G besitzt einen Fixpunkt bezüglich δ.

(ii) $E(KG)$ besitzt einen Fixpunkt bezüglich $\hat{\delta}$.

Beweis: Offenbar ist nur die Implikation von (ii) nach (i) zu zeigen. Sei $x \in E(KG)$ ein Fixpunkt von $E(KG)$ bezüglich $\hat{\delta}$. Nach Satz 1.1.21 gibt es zu jedem $g \in G$ genau ein $k_g \in K$, so daß $x = \sum_{g \in G} k_g g$ und $0_K \neq aug(x) = \sum_{g \in G} k_g$ gelten. Mit Proposition 1.3.3 erhalten wir

(1) $\forall u \in U : \sum_{g \in G} k_g g = \sum_{g \in G} k_g g(u\delta)$.

Seien $n \in \mathbb{N}$, $B_1, \ldots, B_n$ die U-Bahnen von G bezüglich δ und $g_i \in B_i$ für alle $i \in \underline{n}$. Nach (1) gilt für alle $i \in \underline{n}$ und $a \in B_i$ die Bedingung $k_a = k_{g_i}$, und somit erhalten wir

(2) $0_K \neq aug(x) = \sum_{i=1}^{n} \mid B_i \mid_K k_{g_i}$.

Da U eine p-Gruppe ist, sind die Längen der U-Bahnen von G bezüglich δ p-Potenzen. Wegen (2) und $char(K) = p$ folgern wir, daß mindestens eine U-Bahn B_i $(i \in \underline{n})$die Länge 1 besitzt. Das einzige Element g_i von B_i ist ein Fixpunkt von G bezüglich δ. $\diamond$

Mit Hilfe des Fixpunkt-Lemmas 1.3.5 gelingt es uns, den Normalisator der Untergruppen U von G in $E(KG)$ zu berechnen. Der Spezialfall $U = G$ – also das Resultat $N_{E(KG)}(G) = G \cdot Z(E(KG))$ – wurde von D.B. Coleman in [8] betrachtet. Aus seinem dortigen Beweis entstand auch die Idee für das zuvor vorgestellte Fixpunkt-Lemma.

1.3.6 Satz

Sind p eine Primzahl, K ein Körper mit $char(K) = p$, G eine p-Gruppe und U eine Untergruppe von G, so gilt $N_{E(KG)}(U) = N_G(U) \cdot C_{E(KG)}(U)$.

Beweis: Sei $a \in N_{E(KG)}(U)$. Dann gilt für jedes $u \in U$ per Definition $u^a \in U$, und wir definieren die Abbildung $u\delta : G \longrightarrow G, g \mapsto u^{-1}gu^a$. Dann ist für jedes $u \in U$ die Abbildung $u\delta$ eine Permutation von G. Sind $u, v \in U$ und $g \in G$, so gilt $g((uv)\delta) = (uv)^{-1}g(uv)^a = v^{-1}u^{-1}gu^av^a = g(u\delta)(v\delta)$. Also ist die Abbildung $\delta : U \longrightarrow S_G, u \mapsto u\delta$ ein $\mathcal{G}$-Homomorphismus, und für alle $u \in U$ gilt

(1) $a(u\hat{\delta}) = u^{-1}au^a = a.$

Somit ist a ein Fixpunkt von $E(KG)$ bezüglich $\hat{\delta}$, und aus Lemma 1.3.5 folgern wir, daß es einen Fixpunkt g von G bezüglich δ gibt. Aus der Definition des Fixpunktes erhalten wir

(2) $\forall u \in U : u^{-1}gu^a = g.$

Sei $u \in U$. Aus (2) ergibt sich $u^a = u^g \in U$, woraus wir $g \in N_G(U)$ und $ag^{-1} \in C_{E(KG)}(U)$ folgern.$\diamond$

1.3.7 Folgerung

Ist p eine Primzahl, K ein Körper mit $char(K) = p$, G eine p-Gruppe und U eine Untergruppe von G, so gilt $N_{1_G + rad(KG)}(U) = N_G(U) \cdot C_{1_G + rad(KG)}(U)$.

Beweis: Wegen $N_G(U) \subseteq 1_G + rad(KG)$ folgt die Behauptung mit Satz 1.3.6 und der Dedekind-Identität.$\diamond$

Aus den Folgerungen 1.3.7 und 1.2.4 ergibt sich:

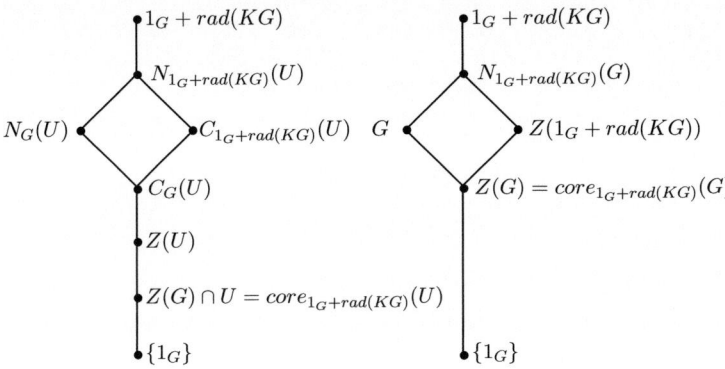

1.3.8 Definition

Seien G eine Gruppe und $g, h \in G$.

(i) Es sei $[g, h] := g^{-1}h^{-1}gh$ der Kommutator von g mit h.

(ii) Ist G endlich, so sei $c(G)$ die Anzahl der Konjugiertenklassen von G, auch Klassenzahl von G genannt.

Eine weitere Konsequenz von Satz 1.1.21 ist:

1.3.9 Proposition

Seien p eine Primzahl, G eine p-Gruppe und K ein Körper mit $char(K) = p$.

(i) $Z(rad(KG)) = Z(rad(KG)^*) = Z(KG) \cap rad(KG)$

(ii) $Z(rad(KG)) = rad(KZ(G)) \oplus_K \langle\{\overline{g^G} \mid g \in G \setminus Z(G)\}\rangle_K$
Insbesondere gilt $dim_K(Z(rad(KG))) = c(G) - 1$.

(iii) Ist K endlich, so gilt $\mid Z(rad(KG)) \mid = \mid K \mid^{c(G)-1}.\diamond$

1.3.10 Beispiel

Seien $G := Q_8$ und K ein zweielementiger Körper. Dann gelten nach Satz 1.1.21 die Gleichungen $E(KG) = 1_G + rad(KG)$ und $\mid 1_G + rad(KG) \mid = 2^7$. G besitzt genau drei nicht-zentrale Konjugiertenklassen, und es gilt $\mid Z(G) \mid = 2$. Aus Proposition 1.3.9 folgern wir $\mid Z(1_G + rad(KG)) \mid = 2^4$.

Der Normalisator von G in $1_G + rad(KG)$ ist nach Folgerung 1.3.7 ein Normalteiler von $1_G + rad(KG)$ der Ordnung 2^6.

Ist U eine maximale Untergruppe von G, so ist U normal und selbstzentralisierend in G, und aus Folgerung 1.3.7 ergibt sich $\mid N_{1_G+rad(KG)}(U) \mid = 2 \cdot \mid C_{1_G+rad(KG)}(U) \mid \geq 2^5$.

Wäre $\mid N_{1_G+rad(KG)}(U) \mid = 2^5$, dann müßten $Z(1_G + rad(KG))$ und $C_{1_G+rad(KG)}(U)$ die gleiche Ordnung besitzen und wären demnach gleich. Da U abelsch ist, würde sich ergeben, daß U zentral in G ist, was offenbar ein Widerspruch ist.

Wäre $\mid N_{1_G+rad(KG)}(U) \mid = 2^7$, so wäre U ein Normalteiler von $1_G + rad(KG)$. Da U nicht zentral in G ist, ergibt sich ein Widerspruch zu Folgerung 1.2.4.

Also gilt $\mid N_{1_G+rad(KG)}(U) \mid = 2^6$, woraus wir schließen, daß $N_{1_G+rad(KG)}(U)$ ein Normalteiler vom Index 2 in $1_G + rad(KG)$ ist. Daraus folgt $\mid C_{1_G+rad(KG)}(U) \mid = 2^5$ und damit $C_{1_G+rad(KG)}(U) = U \cdot Z(1_G + rad(KG))$ und $N_{1_G+rad(KG)}(U) = G \cdot Z(1_G + rad(KG))$.

Ist also $g \in G \setminus Z(G)$, so besitzt g in $1_G + rad(KG)$ genau 4, in G genau 2 Konjugierte.◇

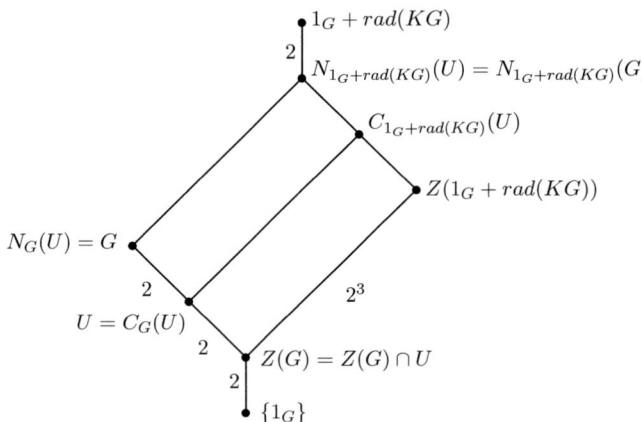

Zum Abschluß dieses Kapitels geben wir eine Beschreibung für den Zentralisator der Untergruppen U von G in $E(KG)$ an.

1.3.11 Definition

Seien U eine Gruppe, die auf einer Menge M vermöge δ operiere und K ein Körper. Für jedes $u \in U$ sei $u\bar{\delta}$ die Linearisierung von $u\delta$ auf KM, und wir definieren $C_{KM,\delta}(U) := \bigcap_{u \in U} Kern(u\bar{\delta} - id_{KM})$. Diese Menge nennen wir den Zentralisator von U in KM bezüglich δ.$\diamond$

1.3.12 Proposition

Seien U eine Gruppe, die auf einer endlichen Menge M vermöge δ operiere, $B_1, \ldots, B_n$ die U-Bahnen von M und K ein Körper. Dann ist $\{\overline{B_i} \mid i \in \underline{n}\}$ eine K-Basis des K-Teilraums $C_{KM,\delta}(U)$ von KM.

Beweis: Aus der Definition 1.3.11 erkennen wir, daß $C_{KM,\delta}(U)$ ein K-Teilraum von KM ist. Ist $x \in KM$, so gibt es zu jedem $i \in \underline{n}$ und zu jedem $b \in B_i$ genau ein $k_b \in K$, so daß $x = \sum_{i=1}^{n} \sum_{b \in B_i} k_b b$ gilt. Für alle $u \in U$ gilt genau dann $x(u\bar{\delta}) = x$, wenn die Gleichung

$$(1) \quad \sum_{i=1}^{n} \sum_{b \in B_i} k_b b(u\delta) = \sum_{i=1}^{n} \sum_{b \in B_i} k_b b$$

erfüllt ist. Da U auf jeder U-Bahn von M transitiv operiert, folgt mit (1) die Behauptung. $\diamond$

1.3.13 Definition

Ist G eine Gruppe, so definieren wir für alle $g \in G$ die Abbildung $\kappa_g : G \longrightarrow G,\ x \mapsto x^g$ sowie die Funktion $\kappa : G \longrightarrow Inn(G),\ g \mapsto \kappa_g.\diamond$

1.3.14 Folgerung

Seien p eine Primzahl, K ein Körper mit $char(K) = p$, G eine p-Gruppe, U eine Untergruppe von G und $\mathcal{B}$ die Menge der U-Bahnen von G bezüglich $\kappa_{|_U}$. Es gelten die folgenden Aussagen:

(i) Die Menge $\{\overline{B} \mid B \in \mathcal{B}\}$ ist eine K-Basis des K-Vektorraums $C_{KG}(U)$.

(ii) $C_{rad(KG)}(U) = Aug(KC_G(U)) \oplus_K \langle \{\overline{B} \mid B \in \mathcal{B}, \mid B \mid\neq 1\} \rangle_K$

(iii) $C_{1_G + rad(KG)}(U) = 1_G + C_{rad(KG)}(U)$

(iv) Ist K endlich, so gilt $\mid C_{1_G + rad(KG)}(U) \mid = \mid K \mid^{|\mathcal{B}| - 1}$.

Beweis: ad(i): Diese Aussage folgt direkt aus Proposition 1.3.12.

ad(ii): Wegen (i) ist die angegebene Summe direkt. Nach Satz 1.1.21 gilt $rad(KG) = Aug(KG)$, woraus wir folgern, daß jene Summe in $C_{rad(KG)}(U)$ liegt. Wegen $1_G \notin rad(KG)$ folgt aus Dimensionsgründen (ii).

ad(iii): Diese Aussage ist offensichtlich.

ad(iv): Diese Aussage ergibt sich direkt aus (i) und (iii). ⋄

1.3.15 Folgerung

Ist p eine Primzahl, K ein endlicher Körper mit $char(K) = p$ und G eine p-Gruppe, so gelten:

(i) Ist $g \in G \setminus Z(G)$ und $\mathcal{B}$ die Menge der $\langle g \rangle_{\mathcal{G}}$-Bahnen von G bezüglich $\kappa_{|_{\langle g \rangle_{\mathcal{G}}}}$, so besitzt g genau $\mid K \mid^{|G|-|\mathcal{B}|}$ Konjugierte in $1_G + rad(KG)$.

(ii) Ist U eine Untergruppe von G und $\mathcal{B}$ die Menge der U-Bahnen von G bezüglich $\kappa_{|_U}$, so gilt $\mid N_{1_G+rad(KG)}(U) \mid = \frac{|N_G(U)|}{|C_G(U)|} \cdot \mid K \mid^{|\mathcal{B}|-1}$.

Insbesondere gibt es in $1_G + rad(KG)$ genau $\frac{|C_G(U)|}{|N_G(U)|} \cdot \mid K \mid^{|G|-|\mathcal{B}|}$ zu U konjugierte Untergruppen.

Beweis: ad(i): Diese Aussage folgt aus Teil (iv) von Folgerung 1.3.14.

ad(ii): Diese Aussage ergibt sich aus Teil (iv) von Folgerung 1.3.14 und Folgerung 1.3.7. ⋄

1.3.16 Beispiel

Seien $G := Q_8 = \{1_G, i^2, i, j, k, i^{-1}, j^{-1}, k^{-1}\}$ und K ein Körper mit zwei Elementen. Die $\langle i \rangle_{\mathcal{G}}$-Bahnen von G unter $\kappa_{|_{\langle i \rangle_{\mathcal{G}}}}$ sind $\{1_G\}$, $\{i^2\}$, $\{i\}$, $\{i^{-1}\}$, $\{j, j^{-1}\}$ und $\{k, k^{-1}\}$. Aus Folgerung 1.3.15 ergibt sich, daß es in $1_G + rad(KG)$ genau 4 zu i konjugierte Elemente und genau 2 zu $\langle i \rangle_{\mathcal{G}}$ konjugierte Untergruppen gibt (vgl. Beispiel 1.3.9). Eine leichte Rechnung zeigt uns, daß $i^1 = i$, $i^j = i^{-1}$, $i^{1_G+i+j} = i^3 + \overline{j^G} + \overline{k^G}$ und $i^{1_G+j+k} = (i^3)^{1_G+i+j} = i + \overline{j^G} + \overline{k^G}$ gelten. Damit erhalten wir
$$i^{1_G+rad(KG)} = \{i, i^3, i^{1_G+i+j}, i^{1_G+j+k}\} \text{ und}$$
$$\langle i \rangle_{\mathcal{G}}^{1_G+i+j} = \{1, i^2, i^{1_G+i+j}, (i^3)^{1_G+i+j}\} \neq \langle i \rangle_{\mathcal{G}}. ⋄$$

1.4 Offene Fragen und Übungsaufgaben

Offene Fragen 1 *Seien K ein Körper der Charakteristik p und G eine p-Gruppe.*

(i) *Was ist die Klassenzahl von $E(KG)$?*

(ii) *Wie kann man die Konjugiertenklassen von $E(KG)$ ermitteln, die disjunkt zu denen von Elementen von G sind? Was ist deren Anzahl und jeweils deren Länge?*

(iii) *Wie kann man die Ordnung der Elemente von $E(KG)$ bestimmen, und was ist der Exponent von $E(KG)$?*

(iv) *Was sind die Normalteiler von $E(KG)$?*

(v) *Da das Herz von G in $E(KG)$ so klein wie möglich ist, stellt der Autor die Vermutung auf, dass die normale Hülle von G in $E(KG)$ so gross wie möglich ist. Das wäre in diesem Kontext also $G \cdot E(KG)'$. Ein Beweis dafür ist dem Autor nicht bekannt. Eine positive Antwort hierzu liefert das Beispiel 5.3.10 am Ende dieser Arbeit in Kapitel 5 für $K = GF(2)$ und $G = Q_8$ oder $G = D_8$.*

(vi) *Was ist die innere Struktur des Normalisators und des Zentralisators von Untergruppen U von G in $E(KG)$. Speziell mit dem Zentrum werden wir uns in den Kapiteln 3 und 4 beschäftigen.*

(vii) *Zu jeder Untergruppe U von G betrachte man die iterierten Normalisatoren von U in $1 + rad(KG)$. Ist K endlich, so steigt diese Kette von Untergruppen stets an und erreicht $1 + rad(KG)$ nach endlich vielen Schritten. Wieviele sind hierzu notwendig? Kann man die sukzessiven Faktorgruppen beschreiben?*

Übungsaufgabe 1 *Man beweise Bemerkung 1.1.2.*

Übungsaufgabe 2 *Man beweise Bemerkung 1.1.4.*

Übungsaufgabe 3 *Seien K ein Körper und $n \in \mathbb{N}$. Was sind die Einheiten bzw. quasi-regulären Elemente von K, von $\mathbb{C}$, von $\mathbb{H}$, von $K^{n \times n}$, von der Menge der unteren Dreieckmatrizen von $K^{n \times n}$ sowie von der Menge der strikt unteren Dreiecksmatrizen von $K^{n \times n}$.*

Übungsaufgabe 4 *Ist jedes nilpotente Element einer assoziativen Algebra quasiregulär? Gilt die Umkehrung dieser Aussage?*

Übungsaufgabe 5 *Seien K ein Körper und $n \in \mathbb{N}$. Wie läßt sich die Einheitengruppe bzw. die quasi-reguläre Gruppe der Menge der unteren Dreiecksmatrizen mit Hilfe der semidirekten Zerlegung der Algebra (mit Hilfe der strikt unteren und der Diagonalmatrizen) beschreiben?*

Übungsaufgabe 6 *Seien p eine Primzahl mit $p \neq 2, 3$, $K := GF(5)$ und $G := S_3$. Zu jeder Teilmenge T von S_3 berechne man e_T. Wann ist e_T ein Idempotent? Wann ist es ein zentrales Element? Wann ist es ein zentrales Idempotent? Was passiert, wenn man statt $GF(p)$ nun $GF(2)$ oder $GF(3)$ benutzt?*

Übungsaufgabe 7 *Seien p eine Primzahl und $n \in \mathbb{N}$. Was ist n_K in $GF(p)$?*

Übungsaufgabe 8 *Seien K ein Körper, G eine endliche Gruppe, so dass KG halbeinfach ist, und H eine Teilmenge von G. Wie und warum kann man mit Hilfe von e_H entscheiden, ob H ein Normalteiler ist?*

Übungsaufgabe 9 *Seien K ein Körper, G eine endliche Gruppe, so dass KG halbeinfach ist, und H eine Teilmenge von G. Wie und warum kann man mit Hilfe von e_H entscheiden, ob H eine normale Teilmenge ist?*

Übungsaufgabe 10 *Seien K ein Körper, G eine endliche Gruppe, so dass KG halbeinfach ist, und H eine Teilmenge von G. Wie und warum kann man mit Hilfe von e_H entscheiden, ob H eine Untergruppe ist?*

Übungsaufgabe 11 *Was gilt in Satz 1.3.6 für eine normale Untergruppe U von G?*

Übungsaufgabe 12 *Mit Hilfe des Fixpunkt-Lemmas 1.3.5 und der Schlussweise in Satz 1.3.6 beweise man eine weitere Aussage in dem Artikel von D.B. Coleman in [8]: Seien dazu G eine endliche p-Gruppe, K ein Körper der Charakteristik p, $g \in G$ und $x \in E(KG)$. Aus $[g, x] \in G$ folgt, dass es ein $h \in G$ gibt, so dass $[g, x] = [g, h]$ gilt.*

Übungsaufgabe 13 *Unter den Voraussetzung und mit Hilfe der Übungsaufgabe 12 beweise man weiter: Ist $x^{E(KG)} \cap G \neq \emptyset$, so gibt es ein $h \in G$ mit $x^{E(KG)} \cap G = h^G$. Insbesondere gilt $g^{E(KG)} \cap G = g^G$. Jede Konjugiertenklasse in G lässt zu genau einer in $E(KG)$ erweitern. Dies bedeutet auch $c(E(KG)) \geq c(G)$.*

Übungsaufgabe 14 *Seien G eine endliche p-Gruppe und K ein endlicher Körper der Charakteristik p. Mit Hilfe des Satzes 1.3.6 untersuche man den Zusammenhang zwischen $\mid K \mid^{|G|-c(G)}$ und $\frac{|G|}{|Z(G)|}$.*

Übungsaufgabe 15 *Seien $K := GF(2)$, $G := S_3$ und $A := KG$. Zu jeder Teilmenge T von G berechne man $\langle T \rangle_K$, $\langle T \rangle_A$ und $\langle T \rangle_{A_1}$ sowie eine Basis und die Dimension dieser K-Teilräume. Was ist das Idealerzeugnis von T in A? Was ist das Idealerzeugnis sowie das Teilalgebren-Erzeugnis von T in der assoziierten Lie-Algebra A° von A vermöge $a \circ b := ab - ba$? Man fertige ein Hasse-Diagramm an!*

Übungsaufgabe 16 *Seien K ein Körper und $G := S_4$. Zu jedem Normalteiler N von G betrachte man p_N und berechne eine Basis sowie die Dimension des Kernes und des Bildes von p_N. Für welche Körper K ist das Bild von p_N nilpotent/halbeinfach/separabel? Was gilt für den Kern von p_N? Man fertige ein Hasse-Diagramm an!*

Übungsaufgabe 17 *Seien $K := GF(2)$ und $G := S_3$. Man bestimme die darstellende Matrix von aug bzgl. G und 1. Welche Elemente werden durch aug auf 1 bzw. 0 abgebildet? Man fertige ein Hasse-Diagramm an!*

Übungsaufgabe 18 *Seien K ein Körper und G eine zyklische endliche Gruppe mit Erzeuger g. Bzgl. der Rechts- und Linksmultiplikation auf KG mit g bestimme man die darstellende Matrix bzgl. G. Ist die Matrix invertierbar? Was ist ihr Inverses? Was ist ihre Determinate? Man fertige ein Hasse-Diagramm an!*

Übungsaufgabe 19 *Seien K ein Körper der Charakteristik 2 und G eine Quaternionen-, Dieder- oder Semidiedergruppe. Welche Untergruppen von G sind normal in $E(KG)$? Was ist das Herz einer beliebigen Untergruppe von G in $E(KG)$? Man fertige ein Hasse-Diagramm an!*

Übungsaufgabe 20 *Seien K ein Körper der Charakteristik 2 und G eine Quaternionen-, Dieder- oder Semidiedergruppe. Welche Teilmengen von G sind normal in $E(KG)$? Welche Teilmengen T von G haben die Eigenschaft $T^x \in G$ für alle $x \in E(KG)$? Sind es dieselben Teilmengen, und wenn ja, warum ist dies so? Man fertige ein Hasse-Diagramm an!*

Übungsaufgabe 21 *Seien $K := GF(2)$ und $G := D_8$. Was ist die Nilpotenzklasse des Radikals von KG? Was ist die maximale Nilpotenzklasse der Elemente von $rad(KG)$? Stimmen diese Zahlen überein? Gibt es Elemente $x \in rad(KG)$ mit $cl(x) < cl(rad(KG))$?*

Übungsaufgabe 22 *Seien $K := GF(2)$ und $G := D_8$. Welche Ordnung hat $1 + rad(KG)$? Inwiefern ist dies eine Schranke für die Ordnungen der Elemente von $1 + rad(KG)$? Gibt es ein Element $x \in rad(KG)$ mit $o(x) = | 1 + rad(KG) |$? Gibt es ein Element $x \in rad(KG)$ mit $o(x) <| 1 + rad(KG) |$? Man fertige ein Hasse-Diagramm an!*

Übungsaufgabe 23 *Seien $K := GF(2)$ und $G := D_8$. Man zeige, dass es mindestens 5 Konjugiertenklassen in $1 + rad(KG)$ gibt. Wieviele gibt es tatsächlich? Welche Grösse besitzen diese? Man fertige ein Hasse-Diagramm an!*

Übungsaufgabe 24 *Seien A eine assoziative K-Algebra, und es gelte $char(K) = p \in \mathbb{P}$. Seien $a, b \in A$ mit $ab = ba$ und $k \in \mathbb{N}$. Dann gilt*

$(a + b)^{p^k} = a^{p^k} + b^{p^k}$. *Inwiefern war diese Identität in dem Lemma von Wallace von Bedeutung? (Tip: Binomialsatz; fast alle Binomialkoeffizienten werden von p geteilt; es genügt, den Fall $k = 1$ zu betrachten und dann per Induktion zu argumentieren)*

Übungsaufgabe 25 *Seien K ein endlicher Körper und G eine endliche Gruppe. In den folgenden Fällen von K und G versuche man, rad(KG) zu ermitteln inkl. einer Basis sowie der Dimension:*

(i) $|G| = 3^4$, $char(K) = 3$

(ii) $|G| = 3^4$, $char(K) = 7$

(iii) $|G| = 2^5$, $char(K) = 2$

(iv) $|G| = 2^5$, $char(K) \neq 2$

(v) $|G| = 5^4$, $char(K) = 5$

(vi) $|G| = 5^4$, $char(K) = 3$

(vii) $|G| = 8^3$, $char(K) = 2$

(viii) $|G| = 8^3$, $char(K) = 11$.

Wieviele Elemente hat rad(KG) jeweils? Ist KG in diesen Fällen lokal? Stimmt $1 + rad(KG)$ mit $E(KG)$ in einem der Fälle überein? Man fertige ein Hasse-Diagramm an!

Übungsaufgabe 26 *Seien K ein Körper der Charakteristik p und G eine endliche p-Gruppe. Gibt es eine Untergruppe U von G, so dass $N_{E(KG)}(U)$ in G liegt?*

Übungsaufgabe 27 *Seien K ein Körper der Charakteristik p und G eine endliche p-Gruppe der Ordnung p^3. Was sind die Herzen der Untergruppen von G in $E(KG)$? Man fertige ein Hasse-Diagramm an!*

Übungsaufgabe 28 *Seien K ein Körper der Charakteristik p und G eine endliche p-Gruppe. Was sind die Herzen der Untergruppen von G in $E(KG)$? Gibt es eine Beziehung zu den Herzen von U in G? Gilt $core_{E(KG)}(U) \cap G = core_G(U)$? Man fertige ein Hasse-Diagramm an!*

Übungsaufgabe 29 *Man beweise Bemerkung 1.3.2.*

Übungsaufgabe 30 *Seien $K := GF(2)$ und $G := D_8$. Zu jeder Untergruppe U von G betrachte man die Operation von U auf G per Konjugation, Rechtsmultiplikation und Linksmultiplikation. Jeweils korrespondierend betrachte man die Operationen von U auf $E(KG)$. Welche Bedeutung haben die Fixpunkte dieser Operationen und in welcher Beziehung stehen sie? Man fertige ein Hasse-Diagramm an!*

Übungsaufgabe 31 *Seien K ein Körper der Charakteristik p und G eine endliche p-Gruppe. Für einen Normalteiler N von G betrachte man die Operationen von G auf N bzw. von N auf G per Konjugation und die jeweils erweiterten Operationen von N auf $E(KG)$ und von G auf $E(KN)$. Welche Bedeutung und welche Beziehungen haben die Fixpunkte dieser Operationen? Man fertige ein Hasse-Diagramm an!*

Übungsaufgabe 32 *Seien K ein Körper der Charakteristik 2 und $G \in \{Q_8, D_8, SD_8\}$. Für jede Untergruppe U von G bestimme man $N_{E(KG)}(U)$ und $core_{E(KG)}(U)$. Wann ist U normal in $E(KG)$? Man fertige ein Hasse-Diagramm an!*

Übungsaufgabe 33 *Man beweise Proposition 1.3.9. Seien zusätzlich $n \in \mathbb{N}$, K endlich und p eine Primzahl. Zusätzlich leite man aus der Proposition in den folgenden Fällen entsprechende Aussagen ab:*

(i) $|G| = 3^3$, $char(K) = 3$

(ii) $|G| = p^3$, $char(K) = p$

(iii) $G = Q_8$, $char(K) = 2$

(iv) $G = D_8$, $char(K) = 2$

(v) $G = SD_8$, $char(K) = 2$

(vi) $G = Q_{2^n}$, $char(K) = 2$

(vii) $G = D_{2^n}$, $char(K) = 2$

(viii) $G = SD_{2^n}$, $char(K) = 2$

(ix) $|G'| = p$, $char(K) = p$.

Man fertige ein Hasse-Diagramm an!

Übungsaufgabe 34 *Inwiefern liefert Teil (ii) in Folgerung 1.3.15 eine Abschätzung für Teil (i) in derselben Folgerung?*

Übungsaufgabe 35 *Man führe das Beispiel 1.3.16 für D_8 und SD_8 durch!*

Übungsaufgabe 36 *Man führe das Beispiel 1.3.16 möglichst allgemein für eine Gruppe der Ordnung p^3 durch, wobei p eine Primzahl ist.*

Kapitel 2

Endvertauschbare Anordnungen

2.1 Erste Eigenschaften endvertauschbarer Anordnungen

2.1.1 Definition

Seien A eine K-Algebra, $n \in \mathbb{N}$ und $a_i \in A$ für alle $i \in \underline{n}$. Das n-Tupel $(a_1, \ldots, a_n)$ heiße endvertauschbar, falls gilt:

$$\forall i \in \underline{n-1} : a_i \big(\sum_{j=i+1}^{n} a_j \big) = \big(\sum_{j=i+1}^{n} a_j \big) a_i.$$

Ist T eine endliche und nichtleere Teilmenge von A, so nennen wir ein $|T|$-Tupel $(a_1, \ldots, a_{|T|})$ über T eine endvertauschbare Anordnung von T (bezüglich der in A gegebenen Verknüpfungen), falls es endvertauschbar ist und $T = \{a_1, \ldots, a_{|T|}\}$ gilt. Wir sagen in diesem Fall auch, daß sich die Menge T endvertauschbar anordnen läßt. Mit $EA(T)$ bezeichnen wir die Menge der endvertauschbaren Anordnungen von T.

2.1.2 Beispiele

(i) Seien A eine K-Algebra, $n \in \mathbb{N}$, $\alpha \in S_n$ und $a_i \in A$ für alle $i \in \underline{n}$. Sind $a_1, \ldots, a_n$ paarweise vertauschbar, so ist $(a_{1\alpha}, \ldots, a_{n\alpha})$ endvertauschbar.

(ii) Seien A eine K-Algebra, $char(K) = 2$ und $a, b \in A$ mit $ab \neq ba$. Das 3-Tupel (a, b, b) ist endvertauschbar, aber $\{a, b, b\} = \{a, b\}$ besitzt keine endvertauschbare Anordnung.

(iii) Sei K ein Körper und $G := D_{16}$. Sind $a, b \in G$ mit $G = \langle a, b \rangle_{\mathfrak{G}}$, $o(a) = 8$, $o(b) = 2$ und $ba = a^{-1}b$, so ist $\{ab, a^3b, a^5b, a^7b\}$ eine Konjugiertenklasse von G. Dann ist (ab, a^5b, a^3b, a^7b) eine endvertauschbare

Anordnung für $(ab)^G$ bezüglich KG (siehe Teil (i) des Konstruktionsverfahrens 2.2.4), (ab, a^3b, a^5b, a^7b) jedoch nicht.$\diamond$

2.1.3 Bemerkung

Seien K ein Körper, G eine Gruppe, T eine endliche nichtleere Teilmenge von G und $(t_1, \ldots, t_{|T|})$ eine endvertauschbare Anordnung von T bezüglich KG. Aus der Basis-Eigenschaft von G bezüglich des K-Vektorraums KG folgt leicht die Äquivalenz der genannten Endvertauschbarkeit mit der Aussage, daß für alle $i \in \underline{|T|-1}$ die Mengen $\{t_{i+1}^{t_i}, \ldots, t_{|T|}^{t_i}\}$ und $\{t_{i+1}, \ldots, t_{|T|}\}$ übereinstimmen. Wir können also bereits in der Gruppe G entscheiden, ob eine endvertauschbare Anordnung von T bezüglich KG vorliegt. In der Folge sprechen wir daher auch ohne Bezugnahme auf einen Körper K von endvertauschbaren Anordnungen auf T.$\diamond$

2.1.4 Bemerkung

Seien A eine K-Algebra, $n \in \mathbb{N}$ und $a_i \in A$ für alle $i \in \underline{n}$.
Genau dann ist $(a_1, \ldots, a_n)$ endvertauschbar, wenn für alle $i \in \underline{n}$ das Tupel $(a_i, \ldots, a_n)$ endvertauschbar ist.$\diamond$

Der folgende Satz ist für die Berechnung des Exponenten des Zentrums von $1_G + rad(KG)$ ein entscheidenes Hilfsmittel.

2.1.5 Satz

Sind A eine assoziative K-Algebra, p eine Primzahl, $char(K) = p$, $n \in \mathbb{N}$, $a_i \in A$ für alle $i \in \underline{n}$ und $(a_1, \ldots, a_n)$ endvertauschbar, so gelten:

(i) Für alle $s \in \mathbb{N}$ gilt $(\sum_{i=1}^{n} a_i)^{p^s} = \sum_{i=1}^{n} a_i^{p^s}$

(ii) Für alle $s \in \mathbb{N}$ ist $(a_1^{p^s}, \ldots, a_n^{p^s})$ endvertauschbar.

Beweis: Zunächst bemerken wir, daß für alle $x, y \in A$ mit $xy = yx$ wegen $char(K) = p$ und des Binomialsatzes die Identität

(1) $(x + y)^p = x^p + y^p$

gilt. Die Aussagen (i) und (ii) beweisen wir zunächst für $s = 1$.

ad(i): In dem Fall $n = 1$ ist diese Aussage trivialerweise wahr. Da nach Definition a_1 und $\sum_{i=2}^{n} a_i$ vertauschbar sind, gilt nach (1) die Gleichung $(\sum_{i=1}^{n} a_i)^p = a_1^p + (\sum_{i=2}^{n} a_i)^p$. Mit Bemerkung 2.1.4 folgt per vollständiger

Induktion nach n die Aussage (i).

ad(ii): Sei $i \in \underline{n-1}$. Es gilt

$$a_i{}^p \,(\sum_{j=i+1}^{n} a_j{}^p) \qquad\qquad \text{(siehe (ii) und Bemerkung 2.1.4)}$$

$$= a_i{}^p \,(\sum_{j=i+1}^{n} a_j)^p \qquad\qquad \text{(siehe (1) und Definition 2.1.1)}$$

$$= (a_i \,(\sum_{j=i+1}^{n} a_j))^p \qquad\qquad \text{(siehe Definition 2.1.1)}$$

$$= ((\sum_{j=i+1}^{n} a_j)\,a_i)^p \qquad\qquad \text{(siehe (1) und Definition 2.1.1)}$$

$$= (\sum_{j=i+1}^{n} a_j)^p \,a_i{}^p \qquad\qquad \text{(siehe (ii) und Bemerkung 2.1.4)}$$

$$= (\sum_{j=i+1}^{n} a_j{}^p)\,a_i{}^p.$$

Also ist auch (ii) erfüllt, und eine einfache Induktion nach s ergibt die Behauptung. $\diamond$

2.1.6 Beispiel

Seien K ein Körper mit $char(K) = 2$ und $G := D_{16}$. Sind $a, b \in G$ mit $G = \langle a, b \rangle_{\mathcal{G}}$, $o(a) = 8$, $o(b) = 2$ und $ba = a^{-1}b$, so ist $C := \{ab, a^3b, a^5b, a^7b\}$ eine Konjugiertenklasse von G. Wegen der Beispiele 2.1.2 ist (ab, a^5b, a^3b, a^7b) eine endvertauschbare Anordnung von C. Mit Satz 2.1.5 ergibt sich $(ab + a^3b + a^5b + a^7b)^2 = (ab)^2 + (a^3b)^2 + (a^5b)^2 + (a^7b)^2$. Da alle Elemente von C Involutionen sind, erhalten wir $(\overline{C})^2 = 0_{KG}$ Also ist $\overline{C}$ auch eine Involution.$\diamond$

Um zu zeigen, daß eine endliche Gruppe G genau dann nilpotent ist, wenn jede normale Teilmenge von G endvertauschbar angeordnet werden kann, benötigen wir die folgenden Eigenschaften endvertauschbarer Anordnungen:

2.1.7 Proposition

Sind A eine K-Algebra, $n \in \mathbb{N}$ und $a_i \in A$ für alle $i \in \underline{n}$, so gelten:

(i) Ist α ein K-Algebrenendomorphismus von A und $(a_1, \dots, a_n)$ endvertauschbar, so ist $(a_1\alpha, \dots, a_n\alpha)$ endvertauschbar.

(ii) Sei $i \in \underline{n}$, und es gelte $a_i \in C_A(\{a_1, \dots, a_n\})$. Genau dann ist $(a_1, \dots, a_n)$ endvertauschbar, wenn $(a_1, \dots, a_{i-1}, a_{i+1}, \dots, a_n)$ endvertauschbar ist.

(iii) Seien $r \in \mathbb{N}$, $b_i \in A$ für alle $i \in \underline{r}$ und $(a_1, \ldots, a_n)$, $(b_1, \ldots, b_r)$ endvertauschbar. Gilt für alle $i \in \underline{n}$ die Gleichung $a_i \left(\sum\limits_{j=1}^{r} b_j\right) = \left(\sum\limits_{j=1}^{r} b_j\right) a_i$, so ist $(a_1, \ldots, a_n, b_1, \ldots, b_r)$ endvertauschbar.

(iv) Seien A assoziativ, $r \in \mathbb{N}$, $b_i \in A$ für alle $i \in \underline{r}$ und $(a_1, \ldots, a_n)$, $(b_1, \ldots, b_r)$ endvertauschbar. Gelten für alle $i \in \underline{n}$ und für alle $j \in \underline{r}$ die Gleichungen $a_i b_j = b_j a_i$ und $b_j \left(\sum\limits_{t=1}^{r} b_t\right) = \left(\sum\limits_{t=1}^{r} b_t\right) b_j$, so ist $(a_1 b_1, \ldots, a_1 b_r, \ldots, a_n b_1, \ldots, a_n b_r)$ endvertauschbar.

Beweis: ad(i): Sei $i \in \underline{n-1}$. Es gilt:

$$\left(\sum\limits_{j=i+1}^{n} a_j \alpha\right) a_i \alpha = \left(\left(\sum\limits_{j=i+1}^{n} a_j\right) a_i\right) \alpha = \left(a_i \left(\sum\limits_{j=i+1}^{n} a_j\right)\right) \alpha = a_i \alpha \left(\sum\limits_{j=i+1}^{n} a_j \alpha\right).$$

ad(ii): Diese Aussage ist offensichtlich wahr.

ad(iii): Sei $i \in \underline{n}$. Dann gilt

$$a_i \left(\left(\sum\limits_{j=i+1}^{n} a_j\right) + \left(\sum\limits_{s=1}^{r} b_s\right)\right) = a_i \left(\sum\limits_{j=i+1}^{n} a_j\right) + a_i \left(\sum\limits_{s=1}^{r} b_s\right) =$$
$$= \left(\sum\limits_{j=i+1}^{n} a_j\right) a_i + \left(\sum\limits_{s=1}^{r} b_s\right) a_i = \left(\left(\sum\limits_{j=i+1}^{n} a_j\right) + \left(\sum\limits_{s=1}^{r} b_s\right)\right) a_i.$$

Da $(b_1, \ldots, b_r)$ endvertauschbar, ergibt sich nun (iii).

ad(iv): Seien $x := \sum\limits_{i=1}^{r} b_i$, $i \in \underline{n}$ und $j \in \underline{r}$. Es gilt:

$$(a_i b_j) \left(\left(\sum\limits_{s=j+1}^{r} a_i b_s\right) + \left(\sum\limits_{t=i+1}^{n} a_t x\right)\right) = b_j \left(\sum\limits_{s=j+1}^{r} b_s\right) a_i{}^2 + a_i \left(\sum\limits_{t=i+1}^{n} a_t\right) b_j x =$$
$$= \left(\sum\limits_{s=j+1}^{r} b_s\right) b_j a_i a_i + \left(\sum\limits_{t=i+1}^{n} a_t\right) a_i b_j x = \left(\left(\sum\limits_{s=j+1}^{r} a_i b_s\right) + \left(\sum\limits_{t=i+1}^{n} a_t x\right)\right) (a_i b_j). \diamond$$

2.1.8 Folgerung

Sei G eine endliche Gruppe.

(i) Ist U eine Untergruppe von $Aut(G)$, $\alpha \in EA(G)$ und $\gamma \in U$, so gilt $\alpha \gamma \in EA(G)$. Insbesondere operiert U auf $EA(G)$, und für alle $\alpha \in EA(G)$ gilt $Stab_U(\alpha) = \{id_G\}$.

(ii) Ist U eine Untergruppe von $Aut(G)$, und ist n die Anzahl der $EA(G)$-Bahnen unter U, so gilt $\mid EA(G) \mid = n \mid U \mid$.

Beweis: ad(i): Sei U eine Untergruppe von $Aut(G)$. Nach Teil (i) von Proposition 2.1.7 operiert U auf $EA(G)$ in der angegebenen Weise. Ist $(g_1, \ldots, g_{|G|})$ eine endvertauschbare Anordnung von G, so gilt für alle $\gamma \in U$

die Bedingung $(g_1, \ldots, g_{|G|})\gamma = (g_1, \ldots, g_{|G|})$ genau dann, wenn für alle $g \in G$ die Gleichung $g\gamma = g$ erfüllt ist.

ad(ii): Nach dem Burnsideschen Fixpunktsatz[1] gilt die Identität
$n = \frac{1}{|U|} \sum\limits_{t \in EA(G)} |\, Stab_U(t)\,|$, und mit (i) folgt die Behauptung. $\diamond$

2.1.9 Beispiel

Seien K ein Körper und $G := Q_8 = \{1_G, i^2, i, j, k, i^{-1}, j^{-1}, k^{-1}\}$. Nach Proposition 2.1.7 genügt es zur Berechnung von $EA(G)$, die endvertauschbaren Anordnungen von $T := \{i, j, k, i^{-1}, j^{-1}, k^{-1}\}$ zu bestimmen.
Sei $(x_1, \ldots, x_6) \in EA(T)$. Nach Definition der endvertauschbaren Anordnung sind x_5 und x_6 vertauschbar, und daher ist $\{x_5, x_6\}$ eine Konjugiertenklasse von G. Insbesondere ist $x_5 + x_6$ ein zentrales Element von KG. Es folgt $(x_4 + x_5 + x_6)^{x_3} = x_4^{x_3} + x_5 + x_6$, woraus wir schließen, daß

---

[1]William Burnside (geboren am 2. Juli 1852 im Stadtteil Paddington von London; gestorben am 21. August 1927 in Cotleigh in West Wickham, Kent) war ein englischer Mathematiker, der vor allem durch seine Beiträge zur Gruppentheorie bekannt ist. Burnside war Sohn eines schottisch-stämmigen Kaufmanns. Er wurde aber schon im Alter von sechs Jahren Waise und daher an einer Schule für Kinder armer Leute (Christ's Hospital) erzogen. Nachdem er ein Stipendium gewonnen hatte, trat er 1871 in das St. John's College in Cambridge ein, wechselte jedoch (um bessere Chancen in der Rudermannschaft zu haben) ans Pembroke College, wo er 1875 in den Tripos als Second Wrangler (Zweiter) hervorging. Er gewann auch den Smith-Preis und wurde Fellow des Pembroke. Burnside (der in Cambridge neben Arthur Cayley u.a. bei dem Astronomen John Couch Adams und den Physikern George Gabriel Stokes und James Clerk Maxwell gehört hatte), interessierte sich zunächst für Hydrodynamik, auf die er funktionentheoretische Methoden anwandte. 1885 wurde er Professor am Royal Naval College in Greenwich, wo er auch blieb trotz Angeboten von Cambridge, nach dessen Tod den Lehrstuhl von Stokes zu übernehmen. 1886 heiratete er eine Schottin, und aus der Ehe gingen zwei Söhne und drei Töchter hervor. Burnside ist vor allem für seine Arbeiten zur Gruppentheorie (der Theorie endlicher Gruppen) bekannt, der er sich ab 1893 zuwandte. 1897 veröffentlichte er sein Hauptwerk Theory of groups of finite order, das erste englische Lehrbuch zu diesem Gebiet, das aber damals unter englischen Mathematikern wenig populär war. 1899 erhielt er dafür die de-Morgan-Medaille der London Mathematical Society. Sein bekanntestes Resultat ist der Satz, dass Gruppen der Ordnung $p^a q^b$ auflösbar sind (Spezialfälle bewiesen schon Peter Ludwig Mejdell Sylow, Ferdinand Georg Frobenius und Camille Jordan). Seine Vermutung, dass alle endlichen Gruppen ungerader Ordnung auflösbar sind, wurde erst in den 1960er Jahren von Walter Feit und John Griggs Thompson in einer großen mathematischen Tour de force bewiesen. Noch heute ist das Burnside-Problem eine treibende Kraft in der Gruppentheorie: es fragt danach, ob alle endlich erzeugten Gruppen, deren Elemente g alle eine endliche Ordnung haben, endlich sind. In die zweite Auflage seines Gruppentheorie-Buches baute Burnside auch die Theorie der Gruppencharaktere von Frobenius ein, bereichert um viele eigene Beiträge. Zuletzt wandte sich Burnside noch der Wahrscheinlichkeitstheorie zu und schrieb darüber ein Buch, das postum 1928 erschien. Er ist nicht mit William Snow Burnside (1839 bis 1920) aus Dublin zu verwechseln, Autor von Theory of Equations. 1893 wurde er zum Mitglied (Fellow) der Royal Society ernannt, die ihm 1904 die Royal Medal für seine Forschungen in der Mathematik, insbesondere in der Gruppentheorie verlieh.

auch x_3 und x_4 vertauschbar sind. Somit sind auch $\{x_3, x_4\}$ und $\{x_1, x_2\}$ Konjugiertenklassen von G.

Sind umgekehrt x_1, x_2 und x_3, x_4 und x_5, x_6 je zwei vertauschbare Elemente von T, so sind $\{x_1, x_2\}$, $\{x_3, x_4\}$ und $\{x_5, x_6\}$ Konjugiertenklassen von G, und nach Proposition 2.1.7 ist $(x_1, \ldots, x_6)$ endvertauschbar.

Insbesondere gibt es genau $2^3 \cdot 3! = 48$ endvertauschbare Anordnungen von T, und aus Proposition 2.1.7 erhalten wir $\mid EA(G) \mid = 48 \cdot 8 \cdot 7 = 2688$.

Wegen $Aut(G) \cong_g S_4$ bzw. $Inn(G) \cong_g V_4$ gibt es nach Proposition 2.1.7 genau 112 bzw. 672 Bahnen von $EA(G)$ unter $Aut(G)$ bzw. unter $Inn(G)$.$\diamond^2$

---

[2]Felix Christian Klein (geboren am 25. April 1849 in Düsseldorf; gestorben am 22. Juni 1925 in Göttingen) war ein deutscher Mathematiker. Felix Klein hat im 19. Jahrhundert bedeutende Ergebnisse in der Geometrie erzielt. Daneben hat er sich um die Anwendung der Mathematik und die Lehre verdient gemacht. Klein, der auch ein bedeutender Wissenschaftsorganisator war, hat wesentlich mit dafür gesorgt, dass Göttingen zu einem Zentrum der Mathematik aufstieg. Kleins Vater von alt-preußisch protestantischer Gesinnung stammte aus Ennepetal im südlichen Westfalen und war Landrentmeister der Regierungshauptkasse in Düsseldorf, während Kleins Mutter aus Kreisen der Aachener Industrie stammte. Nach erstem Unterricht durch die Mutter trat Felix Klein mit Vorkenntnissen im Lesen, Schreiben und Rechnen im Alter von 6 Jahren in eine private Elementarschule in Düsseldorf ein, um dann im Herbst 1857 in das katholische humanistische Gymnasium überzuwechseln. Trotz dieser rein philologischen Erziehung fand sein früh erwachtes naturwissenschaftliche Interesse Anregungen in der Apotheke des Vaters seines Freundes und Klassenkameraden Wilhelm Ruer sowie auch in der kleinen Sternwarte der Stadt Düsseldorf mit dem die kleinen Planeten erforschenden Leiter Karl Theodor Robert Luther, und dazu ermöglichte ihm sein Vater einige Fabrikbesichtigungen. Im Herbst 1865 begann dann Felix Klein das Studium der Mathematik und Naturwissenschaften an der Universität Bonn. Klein studierte in Bonn bei Rudolf Lipschitz und Julius Plücker, dessen Assistent er wurde. Nach dem Tod Plückers übernahm Alfred Clebsch die Herausgabe seines unvollendeten Werkes und übertrug diese Arbeit an den begabten Klein. Klein promovierte 1868 bei Plücker mit einem Thema aus der Geometrie angewandt auf die Mechanik. 1869 ging er dann an die Berliner Universität und hörte dort eine Vorlesung von Leopold Kronecker über quadratische Formen. Er nahm an den mathematischen Seminaren von Ernst Eduard Kummer und Karl Weierstraß teil, wo er auch Sophus Lie kennenlernte, mit dem er 1870 zu einem Studienaufenthalt nach Paris ging und befreundet war. Aufgrund des deutsch-französischen Kriegs kehrte er nach Deutschland zurück. Er habilitierte sich 1871 bei Clebsch und blieb 1871 bis 1872 als Privatdozent in Göttingen. Auf Betreiben von Clebsch erhielt er 1872 einen Ruf auf eine Professur in Erlangen. Sein weiterer beruflicher Weg führte ihn 1875 an die Technische Hochschule München. Im selben Jahr heiratete er Anna Hegel, die Tochter des Historikers Karl Hegel und zugleich Enkelin von Georg Wilhelm Friedrich Hegel. Im Jahr 1880 erhielt Klein den Ruf nach Leipzig als Professor für Geometrie. In diese Leipziger Zeit fiel seine fruchtbarste wissenschaftliche Schaffensperiode. So korrespondierte er mit Henri Poincaré und widmete sich gleichzeitig intensiv der Organisation des Lehrbetriebes. Diese Doppelbelastung führte schließlich zu einem körperlichen Zusammenbruch. 1886 nahm er einen Ruf nach Göttingen an, wo er bis zu seinem Tod blieb. Hier widmete er sich vor allem intensiv wissenschaftsorganisatorischen Aufgaben, während der auf sein Wirken 1895 nach Göttingen berufene David Hilbert dessen Ruf als eines der damaligen Weltzentren der Mathematik weiter ausbaute. 1904 wurde er in die American Academy of Arts and Sciences gewählt. 1914 erhielt er den Ackermann-Teubner-Gedächtnispreis. Seit 1908 vertrat er die Universität Göttingen im Preußischen Herrenhaus. 1924 wurde Klein Ehrenmitglied der DMV, deren Präsident er 1897, 1903 und 1908 war. Seine letzte Ruhestätte fand er auf dem

In dem folgenden Abschnitt zeigen wir, daß und wie spezielle endvertauschbare Anordnungen für eine endliche nilpotente Gruppe und für ihre Konjugiertenklassen konstruiert werden können.

2.2 Endvertauschbare Anordnungen von Konjugiertenklassen

2.2.1 Proposition

Seien G eine endliche nilpotente Gruppe, C eine Konjugiertenklasse von G und T eine Teilmenge von C. Wird G von T $\mathcal{G}$-erzeugt, so ist G eine zyklische Gruppe.

Beweis: Je zwei in G konjugierte Elemente sind modulo G' identisch. Aus der Voraussetzung erhalten wir, daß G/G' zyklisch ist. Nach einem Satz von Wielandt[3] gilt $G' \leq \Phi(G)$. Somit ist die Frattini-Faktorgruppe von G

Stadtfriedhof an der Kasseler Landstraße in Göttingen.

[3]Helmut Wielandt (geboren am 19. Dezember 1910 in Niedereggenen, gestorben am 14. Februar 2001 in Schliersee) war ein deutscher Mathematiker. Sein Hauptarbeitsgebiet war die Gruppentheorie, speziell die Theorie der Permutationsgruppen. Wielandts Beweis der für die Theorie der endlichen Gruppen grundlegenden Sylowschen Sätze ist heute weltweit Standard. Der Begriff der subnormalen Untergruppe geht ebenfalls auf ihn zurück. Neben seinen gruppentheoretischen Arbeiten lieferte er aber auch wichtige Beiträge zur Operatorentheorie und zur Theorie der Matrizen. Helmut Wielandt wurde als Sohn des Pfarrers Rudolf Wielandt und dessen Frau Elisabeth im Dorf Niedereggenen in der Nähe von Lörrach geboren. Aufgewachsen ist Wielandt in Berlin, wo er von 1917 bis 1929 das Prinz-Heinrich-Gymnasium besuchte und anschließend an der Berliner Universität Mathematik, Physik und Philosophie studierte. Während des Studiums lernte er seine spätere Frau Annemarie Bothe kennen, die er 1937 heiratete. 1934 bis 1935 promovierte Wielandt summa cum laude bei Issai Schur und Erhard Schmidt über ein Thema aus der Gruppentheorie. Seine anschließenden Bemühungen um eine Assistentenstelle waren trotz der ausgezeichneten Leistung zunächst erfolglos. Im zusehends durch den Nationalsozialismus geprägten Universitätsbetrieb wurde der eher unpolitische und parteilose Wielandt bei der Besetzung freiwerdender Stellen regelmäßig übergangen, trotz (oder gerade wegen) der Fürsprache seines jüdischen Doktorvaters Schur. Von 1934 bis März 1938 konnte sich Wielandt als wissenschaftliche Hilfskraft in der Redaktion des Jahrbuch über die Fortschritte der Mathematik beim Verlag Walter de Gruyter in Berlin über Wasser halten. Die wissenschaftliche Laufbahn wollte er aber um keinen Preis aufgeben. So war er 1937 schließlich bereit, in die NSDAP und die SA einzutreten. Beiden Organisationen gehörte er bis zu seiner Einberufung zur Wehrmacht im Jahr 1939 an. Als SA-Mann konnte Wielandt im April 1938 von Konrad Knopp und Hellmuth Kneser (trotz Bedenken der dortigen Dozentenschaftsführung wegen der Kürze der Mitgliedschaft) auf eine Assistentenstelle an die Universität Tübingen geholt werden. Es folgte im Februar 1939 die Habilitation und die Ernennung zum Dozenten im November desselben Jahres. Mit Beginn des Zweiten Weltkrieges wurde Wielandt im September 1939 zur Heeresartillerie eingezogen. Nach Einsätzen in Frankreich und Russland wurde er ab November 1941 auf Empfehlung der Tübinger Professoren Konrad Knopp und Erich Kamke für verschiedene Forschungsprojekte im Bereich Meteorologie, Verschlüsselung und Aerodynamik freigestellt. Von Juli 1942

und damit auch G zyklisch. $\diamond$

2.2.2 Lemma

Sei G eine endliche nilpotente Gruppe. Dann läßt sich jede Konjugiertenklasse von G endvertauschbar anordnen.

Beweis: Wir zeigen diese Aussage durch vollständige Induktion nach der Gruppenordnung. Ist G eine abelsche Gruppe, so ist die Behauptung offenbar wahr. Sei also G eine nicht-abelsche Gruppe und C eine nicht-zentrale Konjugiertenklasse von G. Wegen der Proposition 2.2.1 können wir annehmen, daß $N := \langle C \rangle_{\mathcal{G}}$ ein echter und C enthaltender Normalteiler von G ist. Die Konjugiertenklasse C von G zerfällt in N in Konjugiertenklassen von N (da sie unter N invariant ist). Seien also $n \in \mathbb{N}$ und $C_1, \ldots, C_n$ Konjugiertenklassen von N, so daß C die disjunkte Vereinigung der Mengen $C_1, \ldots, C_n$ ist. Nach Induktion gibt es zu jedem $i \in \underline{n}$ eine endvertauschbare Anordnung $(c_{i,1}, \ldots, c_{i,r_i})$ von C_i. Da $\overline{C_i}$ für alle $i \in \underline{n}$ ein zentrales Element von KN (K ein beliebiger Körper) ist, folgt aus Teil (iii) von Proposition 2.1.7, daß $(c_{1,1}, \ldots, c_{1,r_1}, \ldots, c_{n,1}, \ldots, c_{n,r_n})$ eine endvertauschbare Anordnung von C ist.$\diamond$

2.2.3 Folgerung

Ist G eine endliche nilpotente Gruppe, so läßt sich G endvertauschbar anordnen.

Beweis: Nach Lemma 2.2.2 besitzt jede Konjugiertenklasse von G eine endvertauschbare Anordnung. Ist C eine Konjugiertenklasse von G, so

---

an bis zum Kriegsende war er wissenschaftlicher Mitarbeiter des Kaiser-Wilhelm-Instituts für Strömungsforschung und der Aerodynamischen Versuchsanstalt in Göttingen. Nach Kriegsende kam Wielandt nach Tübingen zurück, wo ihn die französische Militärregierung im August 1945 wegen seiner Mitgliedschaft bei der SA und der NSDAP seines Amtes als Dozent enthob. Die Amtsenthebung wurde aber bereits im Oktober wieder rückgängig gemacht, so dass Wielandt zum Wintersemester 1945 und 1946 seine Lehrtätigkeit wieder aufnehmen konnte. Ein Jahr später folgte ein Ruf auf eine außerordentlicher Professor für Mathematik an der Universität Mainz, im April 1951 die erneute Rückkehr nach Tübingen, diesmal als ordentlicher Professor und Nachfolger von Konrad Knopp. Wielandt blieb bis zu seiner Emeritierung 1976 in Tübingen, allerdings unterbrochen von etlichen Gastaufenthalten an internationalen Universitäten. Zwei längere Gastprofessuren führten ihn an die Universität von Wisconsin, einmal während des Wintersemesters 1963 und ein weiteres Mal vom Wintersemester 1965 bis zum Sommersemester 1967. Von der Universität Mainz erhielt Wielandt 1977 die Ehrendoktorwürde. Bereits 1960 war er zum Mitglied der Heidelberger Akademie der Wissenschaften gewählt worden. 1958 hielt er einen Plenarvortrag auf dem Internationalen Mathematikerkongress in Edinburgh (Entwicklungslinien in der Strukturtheorie der endlichen Gruppen) und 1962 war er Invited Speaker auf dem ICM in Stockholm (Bedingungen für die Konjugiertheit von Untergruppen endlicher Gruppen).

ist $\overline{C}$ zentral in KG (K ein beliebiger Körper). Die Behauptung folgt nun aus Teil (iii) von Proposition 2.1.7. $\diamond$

2.2.4 Ein Konstruktionsverfahren

Sei G eine endliche nilpotente Gruppe. Der Induktionsbeweis von Lemma 2.2.2 zeigt uns, wie wir für jede Konjugiertenklasse C von G eine endvertauschbare Anordnung konstruieren können: In dem Normalteiler $N := \langle C \rangle_{\mathfrak{g}}$ zerfällt C in Konjugiertenklassen $C_1, \ldots, C_n$ von N. Haben wir für jede dieser Konjugiertenklassen eine endvertauschbare Anordnung berechnet, so sind diese einfach per Teil (iii) von Proposition 2.1.7 „nebeneinanderzulegen". Für die Konjugiertenklassen $C_1, \ldots, C_n$ von N gilt dasselbe wie für C. Diesen Zerfallsprozeß müssen wir nun solange durchführen, bis wir elementweise vertauschbare Konjugiertenklassen erhalten, was durch Proposition 2.2.1 garantiert wird.

Haben wir für jede Konjugiertenklasse von G eine endvertauschbare Anordnung ermittelt, so besagt die Folgerung 2.2.3, daß wir erneut durch „Nebeneinanderlegen" dieser Anordnungen nach Teil (iii) von Proposition 2.1.7 eine endvertauschbare Anordnung von G erhalten. Dieses Konstruktionsverfahren sei an zwei Beispielen demonstriert.

(i) Sei $G := D_{16}$, und seien $a, b \in G$ mit $G = \langle a, b \rangle_{\mathfrak{g}}$, $o(a) = 8$, $o(b) = 2$ und $a^b = a^{-1}$. Es gilt $Z(G) = \{1_G, a^4\}$, und $C_1 := a^G = \{a, a^7\}$, $C_2 := (a^2)^G = \{a^2, a^6\}$, $C_3 := (a^3)^G = \{a^3, a^5\}$, $C_4 := (ab)^G = \{ab, a^3b, a^5b, a^7b\}$ und $C_5 := b^G = \{b, a^2b, a^4b, a^6b\}$ sind die nicht-zentralen Konjugiertenklassen von G. Die Konjugiertenklassen C_1, C_2 und C_3 bestehen aus vertauschbaren Elementen.

Wegen $(ab)^{(a^2b)} = a^5b$, $(a^3b)^{(ab)} = a^7b$ und der Proposition 2.2.1 zerfällt C_4 in $\langle C_4 \rangle_{\mathfrak{g}}$ in die beiden Konjugiertenklassen $\{ab, a^5b\}$ und $\{a^3b, a^7b\}$ von $\langle C_4 \rangle_{\mathfrak{g}}$, die ihrerseits aus vertauschbaren Elementen bestehen. Also ist (ab, a^5b, a^3b, a^7b) eine endvertauschbare Anordnung von C_4. Diese hatten wir in den Beispielen 2.1.1 angeführt.

Wegen $(a^2b)^b = a^6b$, $(a^4b)^{(a^2b)} = b$ und der Proposition 2.2.1 zerfällt C_5 in $\langle C_5 \rangle_{\mathfrak{g}}$ in die beiden Konjugiertenklassen $\{a^2b, a^6b\}$ und $\{b, a^4b\}$ von $\langle C_5 \rangle_{\mathfrak{g}}$, die ihrerseits aus vertauschbaren Elementen bestehen. Also ist (a^2b, a^6b, b, a^4b) eine endvertauschbare Anordnung von C_5.

Daraus erhalten wir, daß zum Beispiel das Tupel

$$(1_G, a^4, a, a^7, a^2, a^6, a^3, a^5, ab, a^5b, a^3b, a^7b, a^2b, a^6b, a^4b, b)$$

eine endvertauschbare Anordnung von G ist.

Für das Vorgehen im zweiten Beispiel mag die folgende Graphik hilfreich sein:

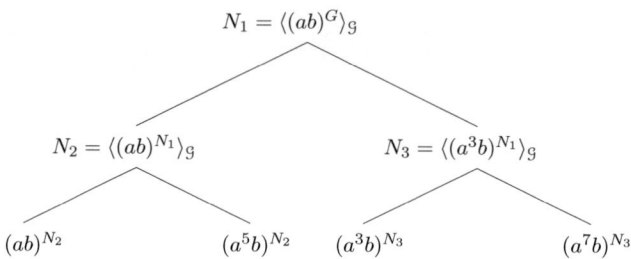

$$N_1 = \langle (ab)^G \rangle_{\mathcal{G}}$$

$$N_2 = \langle (ab)^{N_1} \rangle_{\mathcal{G}} \qquad N_3 = \langle (a^3b)^{N_1} \rangle_{\mathcal{G}}$$

$$(ab)^{N_2} \qquad (a^5b)^{N_2} \quad (a^3b)^{N_3} \qquad (a^7b)^{N_3}$$

(ii) Sei $G := D_{32}$, und seien $a, b \in G$ mit $G = \langle a, b \rangle_{\mathcal{G}}$, $o(a) = 16$, $o(b) = 2$ und $a^b = a^{-1}$. Es ist $(ab)^G = \{ab, a^3b, a^5b, a^7b, a^9b, a^{11}b, a^{13}b, a^{15}b\}$ eine Konjugiertenklasse von G, die in $\langle (ab)^G \rangle_{\mathcal{G}}$ in die beiden Konjugiertenklassen $\{ab, a^5b, a^9b, a^{13}b\}$ und $\{a^3b, a^7b, a^{11}b, a^{15}b\}$ von $\langle (ab)^G \rangle_{\mathcal{G}}$ zerfällt.

Die erste zerfällt in $\langle \{ab, a^5b, a^9b, a^{13}b\} \rangle_{\mathcal{G}}$ in die Konjugiertenklassen $\{ab, a^9b\}$ und $\{a^5b, a^{13}b\}$, die zweite in $\langle \{a^3b, a^7b, a^{11}b, a^{15}b\} \rangle_{\mathcal{G}}$ in die Konjugiertenklassen $\{a^3b, a^{11}b\}$ und $\{a^7b, a^{15}b\}$. Diese vier zweielementigen Mengen bestehen aus vertauschbaren Elementen.

Also ist zum Beispiel $(ab, a^9b, a^5b, a^{13}b, a^3b, a^{11}b, a^7b, a^{15}b)$ eine endvertauschbare Anordnung von $(ab)^G$ über KG.$\diamond$

2.3 Ein Nilpotenzkriterium

2.3.1 Beispiel

In Zykelnotation sind die Konjugiertenklassen der Gruppe S_3 genau die folgenden drei: $C_1 := \{(1)\}$, $C_2 := \{(12), (13), (23)\}$ und $C_3 := \{(123), (132)\}$. Offenbar besitzen die Konjugiertenklassen C_1 und C_3 endvertauschbare Anordnungen. Da alle Elemente der Menge C_2 paarweise nicht vertauschbar sind, besitzt die Konjugiertenklasse C_2 keine endvertauschbare Anordnung. Das nächste Lemma zeigt uns, daß auch für G keine endvertauschbare Anordnung existieren kann.$\diamond$

2.3.2 Lemma

Für eine endliche Gruppe G sind äquivalent:

(i) G läßt sich endvertauschbar anordnen.

(ii) Jede Konjugiertenklasse von G läßt sich endvertauschbar anordnen.

Beweis: Die Implikation von (ii) nach (i) ist nach Teil (iii) von Proposition 2.1.7 wahr. Nun existiere für G eine endvertauschbare Anordnung $Q := (g_1, \ldots, g_r)$, und es sei C eine Konjugiertenklasse von G. Wir geben nun eine rekursive Definition an:

Sei i minimal aus $\underline{r}$, so daß $g_i \in C$ gilt. Wir definieren $a_1 := g_i$. Ist a_j schon definiert, so wählen wir k minimal aus der Menge $M := \underline{r} \setminus \{t \mid \exists l \in \underline{j} : g_t = a_l\}$ mit $g_k \in C$, falls M nichtleer ist, und definieren $a_{j+1} := g_k$. Ist M die leere Menge, so sei die rekursive Definition beendet.

Offenbar gilt per Definition $C = \{a_1, \ldots, a_{|C|}\}$, und wir zeigen, daß $Q_C := (a_1, \ldots, a_{|C|})$ eine endvertauschbare Anordnung von C ist. Ist $i \in \lfloor C \rfloor$, so existiert ein $t \in \underline{r}$ mit $a_i = g_t$. Sei $X := \{g_{t+1}, \ldots, g_r\} \setminus \{a_{i+1}, \ldots, a_{|C|}\}$. Da Q eine endvertauschbare Anordnung von G ist, folgt $\{a_{i+1}, \ldots, a_{|C|}\}^{a_i} \cup X^{a_i} = \{a_{i+1}, \ldots, a_{|C|}\} \cup X$. Ist $j \in \{i+1, \ldots, \lfloor C \rfloor\}$, so gilt $a_j^{a_i} \in \{a_{i+1}, \ldots, a_{|C|}\} \cup X$. Da nach Definition die Menge X kein Element aus C enthält, erhalten wir mit $a_j^{a_i} \in C$ sogar $a_j^{a_i} \in \{a_{i+1}, \ldots, a_{|C|}\}$. Dies zeigt $\{a_{i+1}, \ldots, a_{|C|}\}^{a_i} = \{a_{i+1}, \ldots, a_{|C|}\}$. Somit ist Q_C ist eine endvertauschbare Anordnung von C. $\diamond$

2.3.3 Folgerung

Sei G eine endliche Gruppe. Genau dann läßt sich G endvertauschbar anordnen, wenn jede normale Teilmenge von G eine endvertauschbare Anordnung besitzt.

Beweis: Nach Lemma 2.3.2 besitzt mit G auch jede Konjugiertenklasse von G eine endvertauschbare Anordnung. Ist T eine normale Teilmenge von G, so ist T eine disjunkte Vereinigung von Konjugiertenklassen von G. Mit Teil (iii) von Proposition 2.1.7 folgt die Behauptung. $\diamond$

2.3.4 Lemma

Sei G eine endliche Gruppe, die sich endvertauschbar anordnen läßt. Ist jeder echte Normalteiler von G nilpotent, so ist bereits G nilpotent.

Beweis: Wir nehmen an, daß G nicht nilpotent ist. Nach Voraussetzung liegt jeder echte Normalteiler von G in der Fitting-Untergruppe $F(G)$ von G. Sei $x \in G \setminus F(G)$. Dann ist $N := \langle x^G \rangle_{\mathfrak{g}}$ ein nicht-trivialer Normalteiler von G. Wäre $N \neq G$, so müßte N in dem Normalteiler $F(G)$ enthalten sein, und somit wäre insbesondere $x \in F(G)$, was ein Widerspruch ist. Also gilt $N = G$. Nach Lemma 2.3.2 besitzt mit G auch die Konjugiertenklasse x^G eine endvertauschbare Anordnung $(g_1, \ldots, g_n)$. Für alle $i \in \underline{n}$ definieren wir $U_i := \langle g_i, \ldots, g_n \rangle_{\mathfrak{g}}$. Aus der Definition der endvertauschbaren Anordnung folgern wir, daß für alle $i \in \underline{n} \setminus \underline{1}$ die Untergruppe U_i ein Normalteiler von U_{i-1} ist. Wegen $x \notin F(G)$ kann keine der Untergruppen $U_1, \ldots, U_n$ in $F(G)$ enthalten sein, und wir erhalten $G = U_n = \langle g_n \rangle_{\mathfrak{g}}$. $\diamond$

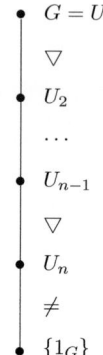

$G = U_1$

$\triangledown$

U_2

$\ldots$

U_{n-1}

$\triangledown$

U_n

$\neq$

$\{1_G\}$

2.3.5 Lemma

Ist G eine endliche Gruppe, die eine endvertauschbare Anordnung besitzt, so ist G nilpotent.

Beweis: Wir beweisen diesen Satz durch vollständige Induktion nach der Gruppenordnung von G. Ist G die triviale Gruppe, so ist G nilpotent. Sei N ein echter Normalteiler von G. Dann ist N eine normale Teilmenge von G und besitzt daher nach Folgerung 2.3.3 eine endvertauschbare Anordnung. Per Induktion können wir also annehmen, daß jeder echte Normalteiler von G nilpotent ist, woraus mit Lemma 2.3.4 die Behauptung folgt. $\diamond$

Zusammenfassend erhalten wir die folgende Kennzeichnung der Nilpotenz endlicher Gruppen, die auch unabhängig von den späteren Untersuchungen in dieser Arbeit Interesse verdienen mag:

2.3.6 Hauptsatz

Für eine endliche Gruppe G sind äquivalent:

(i) G ist nilpotent.

(ii) G besitzt eine endvertauschbare Anordnung.

(iii) Jede Konjugiertenklasse von G läßt sich endvertauschbar anordnen.

(iv) Jede normale Teilmenge von G läßt sich endvertauschbar anordnen.

Beweis: Die Aussagen (ii), (iii) und (iv) sind nach Lemma 2.3.2 und Folgerung 2.3.3 äquivalent. Die Implikation von (i) nach (ii) ist der Inhalt von Folgerung 2.2.3, und die Implikation von (ii) nach (i) ist zuvor in Lemma 2.3.5 bewiesen worden. $\diamond$

Eine Anwendung dieses Kriteriums ist die folgende Erweiterung von Proposition 2.2.1.

2.3.7 Folgerung

Für eine endliche Gruppe sind äquivalent:

(i) G ist nilpotent.

(ii) Jede Untergruppe U von G, die von einer Konjugiertenklasse von U $\mathcal{G}$-erzeugt wird, ist zyklisch.

(iii) Jede Untergruppe U von G, die ein $\mathcal{G}$-Erzeugendensystem aus in U konjugierten Elementen besitzt, ist zyklisch.

Beweis: Die Implikation von (i) nach (iii) zeigt uns die Proposition 2.2.1, und offensichtlich ist die Implikation von (iii) nach (ii) wahr.

Wir beweisen durch vollständige Induktion nach der Gruppenordnung von G die Implikation von (ii) nach (i). Dazu genügt es nach Satz 2.3.6 zu beweisen, daß jede Konjugiertenklasse von G eine endvertauschbare Anordnung besitzt. Sei $g \in G \setminus Z(G)$ und $N := \langle g^G \rangle_{\mathcal{G}}$. Ist $N = G$, so ist nach Voraussetzung G zyklisch. Sei also N ein echter Normalteiler von G. Die Konjugiertenklasse g^G zerfällt in N in Konjugiertenklassen $C_1, \ldots, C_n$ von N. Da sich die Induktionsvoraussetzung auf jede Untergruppe von G überträgt, gibt es zu jeder der Konjugiertenklassen $C_1, \ldots, C_n$ eine endvertauschbare Anordnung. Aus Teil (iii) von Proposition 2.1.7 erhalten wir, daß sich auch g^G endvertauschbar anordnen läßt. $\diamond$

2.3.8 Folgerung

Ist G eine endliche nilpotente Gruppe, so besitzt jede nicht-zentrale Konjugiertenklasse von G zwei vertauschbare Elemente.

Beweis: Sei C eine nicht-zentrale Konjugiertenklasse von G. Nach Satz 2.3.6 besitzt C eine endvertauschbare Anordnung $(c_1, \ldots, c_n)$, und aus der Definition der endvertauschbaren Anordnung folgern wir, daß c_{n-1} und c_n vertauschbar sind. $\diamond$

Die Folgerung 2.3.8 könnte man alternativ auch per Induktion nach $|G|$ beweisen. Sie läßt sich in folgender Weise auf beliebige endliche Gruppen erweitern:

2.3.9 Proposition

Jede endliche, nicht-abelsche Gruppe besitzt eine Konjugiertenklasse mit zwei vertauschbaren Elementen.

Beweis: Sei G eine endliche Gruppe. Wir beweisen diese Aussage mit Induktion nach der Gruppenordnung von G. Der Induktionsanfang ist trivialerweise erfüllt, und wegen der Folgerung 2.3.8 können wir annehmen, daß G nicht nilpotent ist. Würde es eine nicht-abelsche echte Untergruppe U von G geben, so gäbe es nach Induktion eine nicht-zentrale Konjugiertenklasse von U, die zwei vertauschbare Elemente besäße. In diesem Fall wäre der Satz also bewiesen. Somit können wir weiter annehmen, daß jede echte Untergruppe von G abelsch ist. Insbesondere ist G minimal nicht-nilpotent. Aus dem Satz von Seite 181 in [13] folgern wir, daß $\mid G \mid$ genau zwei verschiedene Primteiler p und q besitzt, und daß es eine abelsche normale p-Sylow-Untergruppe P sowie eine zyklische q-Sylow-Untergruppe Q von G gibt, so daß (P, Q) eine semidirekte Zerlegung von G ist. Da G nicht abelsch ist, gibt es ein $g \in P$ und ein $h \in Q$, so daß $g \neq g^h$ gilt. Wegen der Kommutativität des Normalteilers P von G sind die Elemente g und g^h vertauschbar. ◇

2.3.10 Anmerkung

Seien G, H endliche Gruppen, U eine Untergruppe und N ein Normalteiler von G. Besitzen G und H endvertauschbare Anordnungen, etwa $Q_G := (g_1, \ldots, g_n)$ und $Q_H := (h_1, \ldots, h_r)$, so sind G und H nach Satz 2.3.6 nilpotent, woraus folgt, daß auch U, G/N und $G \times H$ nilpotent sind. Wiederum nach Satz 2.3.6 besitzen diese drei Gruppen endvertauschbare Anordnungen, und es stellt sich die Frage, ob und wie diese aus Q_G und Q_H konstruiert werden können.

Dazu überlegt man sich leicht, daß das Verfahren aus Lemma 2.3.2 auch für U und G/N angewendet werden kann: Entfernen wir aus Q_G alle nicht zu U gehörigen Einträge, so ist das auf diese Weise entstehende Tupel eine endvertauschbare Anordnung von U. Rechnen wir alle Einträge von Q_G modulo N und entfernen anschließend – beim Eintrag $g_n N$ beginnend – mehrfach vorkommende Restklassen, so ist das so erhaltene Tupel eine endvertauschbare Anordnung für G/N. Schließlich zeigt uns Teil (iv) von Proposition 2.1.7, daß $(g_1 h_1, \ldots, g_1 h_r, \ldots, g_n h_1, \ldots, g_n h_r)$ eine endvertauschbare Anordnungen von $G \times H$ ist.◇

2.4 Der Exponent des Zentrums

2.4.1 Bemerkung und Definition

Sei T eine endliche Teilmenge von $\mathbb{N}$. Bezüglich der natürlichen Ordnung auf $\lfloor T \rfloor$ und T gibt es genau eine monotone Bijektion von $\lfloor T \rfloor$ auf T, die wir mit φ_T bezeichnen.◇

2.4.2   Definition

Seien T eine Menge und $i \in \mathbb{N}_0$. Mit $\binom{T}{i}$ bezeichnen wir die Menge der i-elementigen Teilmengen von T.⋄

Die folgende Proposition läßt sich induktiv leicht bestätigen:

2.4.3   Proposition

Seien A eine assoziative K-Algebra, $n \in \mathbb{N}$ und $x_1, \ldots, x_n \in A$.
Es gilt $x_1 * \cdots * x_n = \sum\limits_{i=1}^{n} \sum\limits_{T \in \binom{n}{i}} x_{(1\varphi_T)} \cdots x_{(i\varphi_T)}$.⋄

2.4.4   Folgerung

Sind A eine assoziative K-Algebra, $n \in \mathbb{N}$ und $a \in A$, so gelten:

(i) $\underbrace{a * \cdots * a}_{n-mal} = \sum\limits_{i=1}^{n} \binom{n}{i}_K a^i$

(ii) Ist p eine Primzahl und gilt $char(K) = p$, so gilt
$\underbrace{a * \cdots * a}_{p^n-mal} = a^{(p^n)}$.

Beweis: ad(i): Aus Proposition 2.4.3 erhalten wir

$$\underbrace{a * \cdots * a}_{n-mal} = \sum\limits_{i=1}^{n} \sum\limits_{T \in \binom{n}{i}} a^i = \sum\limits_{i=1}^{n} \mid \binom{n}{i} \mid_K a^i = \sum\limits_{i=1}^{n} \binom{n}{i}_K a^i.$$

ad(ii): Da für alle $i \in \overline{p^n - 1}$ die Primzahl $p = char(K)$ ein Teiler von $\binom{p^n}{i}$ ist, folgt (ii) aus (i).⋄

2.4.5   Proposition

Seien p eine Primzahl, G eine p-Gruppe und K ein Körper mit $char(K) = p$. Ist G abelsch, so gilt für alle $n \in \mathbb{N}$: $(1_G+rad(KG))^{p^n} = 1_G+rad(K^{p^n}G^{p^n})$. Insbesondere ist $1_G + rad(KG)$ eine Torsionsgruppe, und es gilt $exp(G) = exp(1_G + rad(KG))$.

Beweis: Sei G abelsch. Dann ist KG kommutativ, und wegen $char(K) = p$ und wegen des Binomialsatzes gilt für alle $a, b \in KG$ die Identität

(1) $(a + b)^p = a^p + b^p$.

Nach Satz 1.1.21 gilt $rad(KG) = Aug(KG)$. Ist $x \in rad(KG)$, so

existiert zu jedem $g \in G \setminus \{1_G\}$ ein $k_g \in K$ mit $x = \sum\limits_{g \in G \setminus \{1\}} k_g(g - 1_G)$.
Ist $n \in \mathbb{N}$, so folgern wir durch eine wiederholte Anwendung von (1), daß
$(1_G + x)^{p^n} = 1_G + \sum\limits_{g \in G \setminus \{1_G\}} k_g{}^{p^n}(g^{p^n} - 1_G)$ gilt. Aus dieser Gleichung und
mit Satz 1.1.21 folgt nun leicht die Behauptung. $\diamond$

2.4.6 Bemerkung

Seien G eine Gruppe, $n \in \mathbb{N}$, $a \in G$ und $b \in a^G$. Ist a^n zentral in G, so gilt
$a^n = b^n$. $\diamond$

Ist A eine assoziative K-Algebra, für die jedes Element sternregulär
ist, so benutzen wir an Stelle von $Q(A)$ auch das Symbol A^*. Die folgende
Proposition reduziert die Ermittlung des Exponenten von $Z(rad(KG)^*)$
auf ein Teilproblem:

2.4.7 Proposition

Seien p eine Primzahl, K ein Körper mit $char(K) = p$ und G eine p-Gruppe.

(i) $Z(rad(KG)^*)$ ist eine Torsionsgruppe.

(ii) Die Ordnungen der Elemente von $Z(rad(KG)^*)$ sind p-Potenzen.

(iii) $exp(Z(rad(KG)^*)) = max\{exp(Z(G)), max\{o(\overline{g^G}) \mid g \in G \setminus Z(G)\}\}$

Beweis: Nach Folgerung 2.4.4 gilt für alle $x \in KG$ und für alle $n \in \mathbb{N}$
$\underbrace{x * \cdots * x}_{p^n - mal} = x^{(p^n)}$. Sei $g \in G \setminus Z(G)$. Da G eine nilpotente Gruppe
ist, zeigt uns der Satz 2.3.6, daß g^G eine endvertauschbare Anord-
nung $(a_1, \ldots, a_r)$ besitzt. Also gilt nach Satz 2.1.5 für alle $n \in \mathbb{N}$
$(\overline{g^G})^{(p^n)} = \sum\limits_{i=1}^{r} a_i^{(p^n)}$. Daraus folgern wir mit Bemerkung 2.4.6 die Gleichungskette $(\overline{g^G})^{exp(G/Z(G))} = \sum\limits_{i=1}^{r} a_i^{exp(G/Z(G))} = \sum\limits_{i=1}^{r} g^{exp(G/Z(G))} = 0_{KG}$.
Somit haben wir die Teile (i) und (ii) bewiesen. Zudem zeigt uns die Pro-
position 2.4.5, daß für alle $r \in rad(KZ(G))$ die Gleichung $r^{exp(Z(G))} = 0_{KG}$
gilt. Ist $x \in Z(rad(KG))$, so existieren wegen der Proposition 1.3.9
$r \in rad(KZ(G))$, $n \in \mathbb{N}$, $g_1, \ldots, g_n \in G \setminus Z(G)$ und $k_1, \ldots, k_n \in K$,
so daß $x = r + \sum\limits_{i=1}^{n} k_i \overline{(g_i^G)}$ gilt. Da $Z(rad(KG))$ kommutativ ist, gilt
wegen des Binomialsatzes und der Folgerung 2.4.4 für alle $e \in \mathbb{N}$
$\underbrace{x * \cdots * x}_{p^e - mal} = x^{(p^e)} = r^{(p^e)} + \sum\limits_{i=1}^{n} k_i^{(p^e)}(\overline{g_i^G})^{(p^e)}$. Hieraus sowie mit (i) erhalten
wir die Behauptung. $\diamond$

An dieser Proposition erkennen wir, daß nur noch die Ordnungen der Konjugiertenklassensummen zu bestimmen sind. Mit den Resultaten über endvertauschbare Anordnungen können wir dieses Problem leicht lösen. Ein weiterer Zugang zu den Teilen (ii) bis (iv) des folgenden Satzes findet sich in dem Artikel [3] von A.A. Bovdi und Z. Patay. Insbesondere erhalten wir in Teil (iv), daß und wie sich der Exponent von $Z(rad(KG)^*)$ allein durch Berechnungen innerhalb der Gruppe G bestimmen läßt.

2.4.8 Satz

Ist p eine Primzahl, G eine nilpotente Gruppe, K ein Körper mit $char(K) = p$ und $g \in G \setminus Z(G)$, so gelten:

(i) $(\overline{g^G})^p = (\frac{|C_G(g^p)|}{|C_G(g)|})_K \overline{(g^G)^p}$

(ii) Ist G eine p-Gruppe, die $C_G(g) < C_G(g^p)$ erfüllt, so gilt $(\overline{g^G})^p = 0_{KG}$.

(iii) Ist G eine p-Gruppe, die $C_G(g) = C_G(g^p)$ erfüllt, so gilt $(\overline{g^G})^p = \overline{(g^p)^G}$.

(iv) Ist G eine p-Gruppe, so gilt $o(\overline{g^G}) = p^{min\{n \in \mathbb{N} \,|\, C_G(g) < C_G(g^{p^n})\}}$.

Beweis: ad(i): Aus Folgerung 2.4.4 erhalten wir

(1) $\underbrace{\overline{g^G} * \cdots * \overline{g^G}}_{p-mal} = (\overline{g^G})^p$.

Da G eine nilpotente Gruppe ist, besitzt g^G nach Satz 2.3.6 eine endvertauschbare Anordnung. Mit (1) und Satz 2.1.5 ergibt sich

(2) $\underbrace{\overline{g^G} * \cdots * \overline{g^G}}_{p-mal} = \sum_{x \in g^G} x^p$.

Ist $x \in g^G$, so ist x^p zu g^p konjugiert. Aus (1) und (2) folgern wir, daß es ein $k \in K$ gibt, so daß $(\overline{g^G})^p = k\overline{(g^p)^G}$ gilt. Offensichtlich muß $k = (\frac{|C_G(g^p)|}{|C_G(g)|})_K$ erfüllt sein, und (i) ist bewiesen.

ad(ii),(iii): Da G eine p-Gruppe ist und $char(K) = p$ gilt, folgen (ii) und (iii) aus (i).

ad(iv): Diese Aussage ergibt sich aus den Teilen (i) bis (iii). ◇

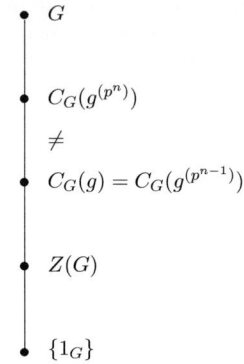

G

$C_G(g^{(p^n)})$

$\neq$

$C_G(g) = C_G(g^{(p^{n-1})})$

$Z(G)$

$\{1_G\}$

2.4.9 Definition

Ist A eine assoziative K-Algebra so definieren wir für alle $a, b \in A$

$$a \circ b := ab - ba.$$

Dann ist $(A; +; \circ)$ eine K-Lie-Algebra, für die wir abkürzend das Symbol A° benutzen. Sie wird die zu A assoziierte K-Lie-Algebra genannt. Bekanntlich ist im Falle $char(K) = p \in \mathbb{P}$ die Lie-Algebra a° bzgl. des Potenzierens mit p sogar eine sog. restringierte Lie-Algebra.$\diamond$

Aus Satz 2.4.8 erhalten wir:

2.4.10 Folgerung

Seien p eine Primzahl, G eine p-Gruppe, K ein Körper mit $char(K) = p$ und $n \in \mathbb{N}$. Der Teilraum $\langle \{ \overline{g^G} \mid g \in G \setminus Z(G), \mid g^G \mid = p^n \} \rangle_K$ von $Z(rad(KG))$ ist eine Lie-Teilalgebra der restringierten Lie-Algebra KG°.$\diamond$

2.4.11 Beispiel

Seien K ein zweielementiger Körper, $G := D_{16}$ und $h, a \in G$, so daß $G = \langle h, a \rangle_{\mathfrak{G}}$, $o(h) = 8$, $o(a) = 2$ und $h^a = h^{-1}$ gelten. Ist $U := \langle h^2 \rangle_{\mathfrak{G}}$, so gilt $a^U = \{a, h^2 a\}$. Da a und $h^2 a$ nicht vertauschbar sind, besitzt a^U keine endvertauschbare Anordnung. Zudem gilt $(a + h^2 a)^2 = a^2 + ah^2 a + h^2 + (h^2 a)^2 = h^6 + h^2 \neq 0_{KG} = a^2 + (h^2 a)^2$.

Dieses Beispiel zeigt uns, daß der Exponent von $C_{rad(KG)^*}(U - 1_G)$ (vgl. Folgerung 1.3.14) mit dem Konzept der endvertauschbaren Anordnungen nicht ermittelt werden kann.$\diamond$

2.5 Abschätzungen

2.5.1 Definition

Ist G eine Gruppe, so bezeichnen wir mit $\mathcal{K}(G)$ die Menge der Konjugiertenklassen von G.⋄

2.5.2 Proposition

Seien p eine Primzahl, G eine p-Gruppe und K ein Körper mit $char(K) = p$.

(i) Ist C eine nicht-zentrale Konjugiertenklasse von G, so gilt

$$o(\overline{C}) \mid p^{|\{X|X\in\mathcal{K}(G),\,|X|=|C|\}|}.$$

(ii) Ist C eine nicht-zentrale Konjugiertenklasse von G und $c \in C$, so gilt

$$o(\overline{C}) \mid o(Z(G)c).$$

(iii) $exp(Z(G)) \mid exp(Z(rad(KG)^*)) \mid max\{exp(Z(G)),\, exp(G/Z(G))\}$

(iv) $exp(Z(rad(KG)^*)) \mid exp(G)$

Beweis: Die Aussage (i) folgt aus den Teilen (ii) und (iii) und die Aussage (ii) aus Teil (iv) von Satz 2.4.8. Die letzten beiden Aussagen ergeben sich offenbar aus (ii) und aus Proposition 2.4.7. ⋄

2.5.3 Folgerung

Ist p eine Primzahl, G eine nicht-abelsche p-Gruppe und K ein Körper mit $char(K) = p$, so gilt $p \leq exp(Z(rad(KG)^*)) \leq \frac{|G|}{p^2}$.

Beweis: Da G nicht-abelsch ist, gilt $p \mid exp(Z(G))$. Ist die Zentrumsfaktorgruppe zyklisch, so ist G abelsch. Daher besitzt $Z(G)$ höchstens die Mächtigkeit $\frac{|G|}{p^2}$, und wir folgern $exp(Z(G)) \mid \frac{|G|}{p^2}$.
Da $Z(G)$ nicht die triviale Untergruppe ist, kann $G/Z(G)$ höchstens die Ordnung $\frac{|G|}{p}$ besitzen. Also ist der Exponent der nicht-zyklischen Gruppe $G/Z(G)$ höchstens $\frac{|G|}{p^2}$, und aus Teil (iii) von Proposition 2.5.2 ergibt sich nun die Behauptung. ⋄

2.5.4 Proposition

Ist p eine Primzahl, G eine p-Gruppe, U eine Untergruppe von G, K ein Körper mit $char(K) = p$ und $u \in U \setminus Z(U)$, so gilt $o(\overline{u^G}) \leq o(\overline{u^U})$.

Beweis: Wir merken zunächst an, daß u nicht zentral in G ist. Für alle $a, b \in U$ mit $C_G(a) = C_G(b)$ ergibt ein Schnitt mit U die Gleichung $C_U(a) = C_U(b)$. Daraus und mit Satz 2.4.8 folgt nun die Behauptung. $\diamond$

2.5.5 Folgerung

Seien p eine Primzahl, G eine p-Gruppe, K ein Körper mit $char(K) = p$, $g \in G \setminus Z(G)$ und $r \in \mathbb{N}$ mit $o(\overline{g^G}) = p^r$. Ist U bezüglich Inklusion minimal mit $g \in U \setminus Z(U)$, so gilt $\mid U \mid \geq p^{r+2}$. Insbesondere ist in dem Fall $p^r = \frac{|G|}{p^2}$ die Gruppe G die einzige Untergruppe von G, in der g nicht zentral ist.

Beweis: Angenommen es gelte $\mid U \mid < p^{r+2}$. Aus Proposition 2.5.4 und Folgerung 2.5.3 würde sich nun $p^r \leq o(\overline{g^U}) \leq \frac{|U|}{p^2} < \frac{p^{r+2}}{p^2} = p^r$ ergeben, was ein Widerspruch ist. $\diamond$

2.5.6 Bemerkung

Es stellt sich die Frage, ob die minimal mögliche Ordnung p^{r+2} in Folgerung 2.5.5 angenommen wird. Daß diese Frage im Allgemeinen zu verneinen ist, zeigen wir am Ende von Kapitel 3 an einem Beispiel. $\diamond$

Das folgende Lemma wird später für reguläre p-Gruppen von Bedeutung sein:

2.5.7 Lemma

Seien p eine Primzahl, $n \in \mathbb{N}$, G eine nicht-abelsche p-Gruppe und K ein Körper mit $char(K) = p$. Für alle $a, b \in G$ kommutiere $a^{(p^n)}$ genau dann mit b, wenn $b^{(p^n)}$ mit a kommutiere. Dann gilt für jede nicht-zentrale Konjugiertenklasse C von G die Ungleichung $o(\overline{C}) \leq p^n$.

Beweis: Wir beweisen dieses Lemma durch vollständige Induktion nach der Gruppenordnung von G. In dem Fall $\mid G \mid = p^3$ gilt die Behauptung nach Folgerung 2.5.3. Sei $x \in G \setminus Z(G)$.

1.Fall: Es existiere eine x enthaltene maximale Untergruppe von G, die von x nicht zentralisiert wird.
Da $x \in U \setminus Z(U)$ gilt und sich die Induktionsvoraussetzung auf U überträgt, folgern wir mit Proposition 2.5.4 $o(\overline{x^G}) \leq o(\overline{x^U}) \leq p^n$. Also ist in diesem Fall die Behauptung bewiesen.

2.Fall: Jede x enthaltene maximale Untergruppe von G werde von x zentralisiert.
Sei U eine x enthaltene maximale Untergruppe von G. Dann gilt $x \in Z(U)$. Ist $y \in G \setminus U$, so folgt aus der Nilpotenz von G, daß $G = U \langle y \rangle_{\mathcal{G}}$ gilt. Wegen

$x \in Z(U) \setminus Z(G)$ wird y von x nicht zentralisiert. Aus der Maximalität von U erhalten wir $y^p \in U$ und damit $[y^p, x] = 1_G$. Insbesondere ergibt sich $[x, y^{(p^n)}] = 1_G$, und nach Voraussetzung folgt nun $[x^{(p^n)}, y] = 1_G$. Wir haben bewiesen, daß y das Element $x^{(p^n)}$, jedoch nicht das Element x zentralisert. Daher gilt nach Satz 2.4.8 nun $o(\overline{x^G}) \leq p^n$, und die Behauptung ist bewiesen. $\diamond$

2.5.8 Bemerkung

Seien p eine Primzahl, G eine nicht-abelsche p-Gruppe, K ein Körper mit $char(K) = p$ und $n \in \mathbb{N}$, so daß $p^n = exp(G/Z(G))$ gelte. Dann ist mit diesem n trivialerweise die Voraussetzung von 2.5.7 erfüllt. Somit stellt sich die Frage, ob es für ein solches, minimal gewähltes $n \in \mathbb{N}$ eine Konjugiertenklassensumme von G gibt, deren Ordnung genau p^n ist. Das wiederum würde bedeuten, daß die maximale Ordnung der Konjugierten-klassensummen genau p^n ist. Diese Frage ist jedoch i.A. zu verneinen, was durch ein Beispiel am Ende von Kapitel 3 gezeigt wird.$\diamond$

Die bisher hergeleiteten Abschätzungen dienen der Vorbereitung auf Kapitel 3. Zum Abschluß dieses Kapitels zeigen wir, wie sich der Exponent von $Z(rad(KG)^*)$ für einen Normalteiler N von G durch $exp(Z(rad(KN)^*))$ und $exp(Z(rad(K(G/N))^*))$ abschätzen läßt.

2.5.9 Proposition

Ist p eine Primzahl, G eine p-Gruppe, N ein Normalteiler von G und K ein Körper mit $char(K) = p$, so gelten:

(i) $exp(Z(G)) \leq exp(Z(N)) \cdot exp(Z(G/N))$

(ii) Für alle $g \in Z(N) \setminus Z(G)$ gilt $o(\overline{g^G}) \leq exp(Z(N))$.

(iii) Für alle $g \in G \setminus N$ mit $gN \in Z(G/N)$ und $g^{exp(Z(G/N))} \in Z(N)$ gilt
$o(\overline{g^G}) \leq exp(Z(N)) \cdot exp(Z(G/N))$.

(iv) Für alle $g \in G \setminus N$ mit $gN \in Z(G/N)$ und $g^{exp(Z(G/N))} \in N \setminus Z(N)$ gilt $o(\overline{g^G}) \leq exp(Z(G/N)) \cdot o(\overline{(g^{exp(Z(G/N))})^G})$.

Beweis: Seien $n, f \in \mathbb{N}$, so daß $p^n = exp(Z(N))$ und $p^f = exp(Z(G/N))$ gelten.

ad(i): Es ist $(Z(G)N)/N$ eine zentrale Untergruppe von G/N, woraus wir $Z(G)^{(p^f)} \subseteq N \cap Z(G) \subseteq Z(N)$ folgern. Also gilt $(Z(G)^{(p^f)})^{(p^n)} = \{1_G\}$, und es folgt (i).

ad(ii): Sei $g \in Z(N) \setminus Z(G)$. Wegen $g^{(p^n)} = 1_G$ gilt $C_G(g) < G = C_G(g^{(p^n)})$, woraus wir mit Satz 2.4.8 die Aussage (ii) erhalten.

ad(iii): Sei $g \in G \setminus N$, so daß $gN \in Z(G/N)$ und $g^{(p^f)} \in Z(N)$ gelte. Daraus folgt $g^{(p^f \cdot p^n)} = 1_G$, und aus Satz 2.4.8 ergibt sich (iii).

ad(iv): Sei $g \in G \setminus N$, so daß $gN \in Z(G/N)$ und $g^{(p^f)} \in N \setminus Z(N)$ gelte. Sei $r \in \mathbb{N}$ mit $p^r = o((g^{(p^f)})^N)$. Nach Satz 2.4.8 gilt $C_N(g^{(p^{f+r-1})}) < C_N(g^{(p^{f+r})})$, und daher auch $C_G(g^{(p^{f+r-1})}) < C_G(g^{(p^{f+r})})$, woraus wir erneut mit Satz 2.4.8 die Behauptung erhalten. $\diamond$

2.5.10 Lemma

Seien p eine Primzahl, G eine p-Gruppe, N ein Normalteiler von G, K ein Körper mit $char(K) = p$ und $g \in G \setminus N$, so daß gN nicht zentral in G/N ist. Sei $s \in \mathbb{N}$, so daß $p^s = o((gN)^{G/N})$ gilt. Dann gibt es ein $h \in G$, für das $[g^{(p^s)}, h] \in N$ und $[g^{(p^{s-1})}, h] \notin N$ gilt. Definieren wir $x_0 := [g^{(p^s)}, h]$ und $x_n := [x_{n-1}, g]$ für alle $n \in \mathbb{N}$, so gelten:

(i) Für alle $n \in \mathbb{N}$ gilt $x_n \in N$.

(ii) Für $x_0 = 1_G$ gilt $o(\overline{g^G}) \leq p^s$.

(iii) Für $x_0 \neq 1_G = x_1$ gilt $o(\overline{g^G}) \leq p^s \cdot o(x_0)$.

(iv) Für alle $r \in \mathbb{N}$ mit $x_r \neq 1_G = x_{r+1}$ gilt $o(\overline{g^G}) \leq o(x_r)$.

Beweis: Aus Satz 2.4.8 erhalten wir $C_{G/N}(gN) = C_{G/N}(g^{(p^{s-1})}N) < C_{G/N}(g^{(p^s)}N)$. Also gibt es ein $h \in G$, für das $x_0 = [g^{(p^s)}, h] \in N$ und $[g^{(p^{s-1})}, h] \notin N$ erfüllt ist.

ad(i): Diese Aussage ist offensichtlich wahr.

ad(ii): Aus $x_0 = 1_G$ schließen wir $h \in C_G(g^{(p^s)}) \setminus C_G(g^{(p^{s-1})})$, woraus mit Satz 2.4.8 die Aussage (ii) folgt.

ad(iii): Es gelte $x_0 \neq 1_G = x_1$.
Sei $k \in \mathbb{N}$ mit $p^k = o(x_0)$. Wegen $x_1 = 1_G$ vertauscht x_0 per Definition mit g und damit auch mit $g^{(p^s)}$. Mit Hilfssatz 1.3 von Kapitel III in [13] folgt nun $1_G = x_0^{(p^k)} = [g^{(p^s)}, h]^{(p^k)} = [g^{(p^s \cdot p^k)}, h]$. Wir nehmen an, daß h das Element $g^{(p^{s+k-1})}$ zentralisiere. Dann würde wiederum nach Hilfssatz 1.3 von Kapitel III in [13] die Gleichung $1_G = [g^{(p^{s+k-1})}, h] = [(g^{(p^s)})^{(p^{k-1})}, h] = [g^{(p^s)}, h]^{(p^{k-1})} = x_0^{(p^{k-1})}$ gelten, was ein Widerspruch zu $o(x_0) = p^k$ ist. Die Aussage (iii) ergibt sich nun aus Satz 2.4.8.

ad(iv): Sei $r \in \mathbb{N}$, und es gelte $x_r \neq 1_G = x_{r+1}$.

Sei $k \in \mathbb{N}$ mit $o(x_r^{-1}) = o(x_r) = p^k$. Da per Definition x_r mit g und damit auch x_r^{-1} mit g vertauscht, gilt nach Hilfssatz 1.3 in Kapitel III von [13] die Gleichung $1_G = (x_r^{-1})^{(p^k)} = [g, x_{r-1}]^{(p^k)} = [g^{(p^k)}, x_{r-1}]$. Wir nehmen an, daß x_{r-1} auch das Element $g^{(p^{k-1})}$ zentralisiere. Dann würde wiederum nach Hilfssatz 1.3 in Kapitel III von [13] die Gleichung $1_G = [g^{(p^{k-1})}, x_{r-1}] = [g, x_{r-1}]^{(p^{k-1})} = x_r^{(p^{k-1})}$ gelten, was ein Widerspruch zu $o(x_r^{-1}) = p^k$ ist. Die Aussage (iv) ergibt sich nun aus Satz 2.4.8. ◇

2.5.11 Bemerkung

Seien p eine Primzahl, G eine p-Gruppe und K ein Körper mit $char(K) = p$. Für alle $g \in G \setminus Z(G)$ mit $g^p \in G \setminus Z(G)$ gilt nach Satz 2.4.8 die Beziehung $o(\overline{g^G}) \leq p \cdot o(\overline{(g^p)^G})$.◇

2.5.12 Lemma

Seien p eine Primzahl, G eine p-Gruppe, N ein Normalteiler von G und K ein Körper mit $char(K) = p$. Ist N oder G/N abelsch oder G/N vom Exponenten p, so gilt $exp(Z(rad(KG)^*)) \leq exp(Z(rad(KN)^*)) \cdot exp(Z(rad(K(G/N))^*))$.

Beweis: Ist G/N abelsch, so folgt die Behauptung aus Proposition 2.5.9, Proposition 2.4.7 und Satz 2.4.8.

Ist N abelsch, so folgt die Behauptung aus Proposition 2.5.9, Lemma 2.5.10, Proposition 2.4.7 und Satz 2.4.8.

Ist G^p in N enthalten und $g \in G \setminus Z(G)$, so gilt $g^p \in N$.

Ist $g^p \notin Z(N)$, so folgt mit Proposition 2.5.4 und Bemerkung 2.5.11 die Ungleichung $o(\overline{g^G}) \leq p \cdot o(\overline{(g^p)^G}) \leq p \cdot o(\overline{(g^p)^N})$.

Ist $g^p \in Z(N)$, so gilt $g^{(p \cdot exp(Z(N)))} = 1_G$, und aus Satz 2.4.8 erhalten wir $o(\overline{g^G}) \leq p \cdot exp(Z(N))$. Die Behauptung ergibt sich nun aus den Propositionen 2.5.9 und 2.4.7 sowie aus Satz 2.4.8. ◇

2.5.13 Satz

Seien p eine Primzahl, G eine p-Gruppe, K ein Körper mit $char(K) = p$ und $\{1_G\} = N_r < N_{r-1} < \cdots < N_2 < N_1 = G$ eine Subnormalreihe von G, so daß für alle $i \in \overline{r-1}$ die Faktorgruppe N_i/N_{i+1} abelsch ist.

Dann gilt für alle $i \in \overline{r-1}$

$$exp(Z(rad(KG)^*)) \leq exp(Z(rad(KN_i)^*)) \cdot \prod_{t=1}^{i-1} exp(N_t/N_{t+1}).$$

Beweis: Die Behauptung ergibt sich durch eine leichte Induktion nach r aus Lemma 2.5.12 und Teil (iii) von Proposition 2.5.2. ◇

2.5.14 Bemerkung

Seien p eine Primzahl, G eine p-Gruppe, U eine Untergruppe und N ein Normalteiler von G. Die Frage, ob $exp(Z(rad(KG)^*))$ durch $exp(Z(rad(KU)^*))$, $exp(Z(rad(KN)^*))$ oder $exp(Z(rad(K(G/N))^*))$ nach oben oder unten beschränkt ist, muß im Allgemeinen verneint werden. Die dazu notwendigen Beispiele geben wir am Ende von Kapitel 3 an. Zudem betrachten wir dort Beispiele zu Lemma 2.5.12 und Satz 2.5.13.⋄

2.6   Offene Fragen und Übungsaufgaben

Offene Fragen 2   *(i) Wieviele endvertauschbare Anordnungen besitzt eine endliche nilpotente Gruppe, wieviele eine Konjugiertenklasse?*

(ii) Wie kann man alle endvertauschbaren Anordnungen einer endlichen nilpotenten Gruppe bzw. der Konjugiertenklassen konstruieren?

(iii) Wie operiert die Automorphismengruppe einer endlichen nilpotenten Gruppe auf der Menge ihrer endvertauschbaren Anordnungen, wie auf der ihrer Konjugiertenklassen? Wieviele Bahnen gibt es jeweils?

Übungsaufgabe 37 *Sei G eine endliche nilpotente Gruppe. Dann ist $\mid Aut(G) \mid$ ein Teiler der Anzahl der endvertauschbaren Anordnungen von G.*

Übungsaufgabe 38 *Seien K ein Körper der Charakteristik 2 und $G :=$ Q_8. Welche Teilmengen T von G besitzen endvertauschbare Anordnungen? Wieviele besitzen sie jeweils? Gibt es ein minimales $r \in \mathbb{N}$ mit $\overline{T}^{2^r} = 0$ in KG?*

Übungsaufgabe 39 *Seien K ein Körper der Charakteristik 2 und $G :=$ D_8. Welche Teilmengen T von G besitzen endvertauschbare Anordnungen? Wieviele besitzen sie jeweils? Gibt es ein minimales $r \in \mathbb{N}$ mit $\overline{T}^{2^r} = 0$ in KG?*

Übungsaufgabe 40 *Seien K ein Körper der Charakteristik 2 und $G :=$ SD_8. Welche Teilmengen T von G besitzen endvertauschbare Anordnungen? Wieviele besitzen sie jeweils? Gibt es ein minimales $r \in \mathbb{N}$ mit $\overline{T}^{2^r} = 0$ in KG?*

Übungsaufgabe 41 *Seien K ein Körper der Charakteristik 2 und $G :=$ Q_{16}. Man bestimme für G und für eine nicht-zentrale Konjugiertenklasse X eine endvertauschbare Anordnung. Dazu fertige man eine Skizze an. Man berechne anschliessend die Ordnung von $\overline{G}$ und $\overline{X}$ bzgl. $*$ in KG.*

Übungsaufgabe 42 *Seien K ein Körper der Charakteristik 2 und $G :=$ D_{16}. Man bestimme für G und für eine nicht-zentrale Konjugiertenklasse X eine endvertauschbare Anordnung. Dazu fertige man eine Skizze an. Man berechne anschliessend die Ordnung von $\overline{G}$ und $\overline{X}$ bzgl. $*$ in KG.*

Übungsaufgabe 43 *Seien K ein Körper der Charakteristik 2 und $G :=$ SD_{16}. Man bestimme für G und für eine nicht-zentrale Konjugiertenklasse X eine endvertauschbare Anordnung. Dazu fertige man eine Skizze an. Man berechne anschliessend die Ordnung von $\overline{G}$ und $\overline{X}$ bzgl. $*$ in KG.*

Übungsaufgabe 44 *Man demonstriere Bemerkung 2.3.10 an D_{32} und Q_8.*

Übungsaufgabe 45 *Man demonstriere Bemerkung 2.3.10 an SD_{32} und SD_{32}.*

Übungsaufgabe 46 *Man demonstriere Bemerkung 2.3.10 an Q_{32} und D_8.*

Übungsaufgabe 47 *Man rechne das Beispiel 2.1.9 mit D_8 durch.*

Übungsaufgabe 48 *Man rechne das Beispiel 2.1.9 mit SD_8 durch.*

Übungsaufgabe 49 *Wie kann man nilpotente Gruppen mit endvertauschbaren Anordnungen kennzeichnen?*

Übungsaufgabe 50 *Wie ist die endvertauschbare Anordnung definiert?*

Übungsaufgabe 51 *Warum muss es in der S_3 Teilmengen geben, die nicht endvertauschbar angeordnet werden können? Man gebe mindestens zwei dieser Teilmengen explizit an.*

Übungsaufgabe 52 *Was ist die entscheidene Eigenschaft endvertauschbarer Anordnungen?*

Übungsaufgabe 53 *Man beweise Anmerkung 2.3.10.*

Übungsaufgabe 54 *Man führe die Konstruktion 2.2.4 für $G = Q_{16}$ und die Konjugiertenklassen a^G, $(ab)^G$ und b^G durch. Dazu fertige man jeweils eine Skizze an.*

Übungsaufgabe 55 *Man führe die Konstruktion 2.2.4 für $G = D_{64}$ und die Konjugiertenklassen a^G, $(ab)^G$ und b^G durch. Dazu fertige man jeweils eine Skizze an.*

Übungsaufgabe 56 *Seien G eine endliche p-Gruppe, U eine Untergruppe von G und K ein Körper der Charakteristik p. Welche Ordnung hat $\overline{U}$ bzgl. $*$ in KG? (Tip: Was ist bereits die zweite Potenz von U?)*

Übungsaufgabe 57 *Seien G eine endliche p-Gruppe, $g \in G \setminus Z(G)$ und K ein Körper der Charakteristik p. Hat g die Ordnung p, so besitzt $\overline{g^G}$ auch die Ordnung p bzgl. $*$. Was folgt hieraus für Involutionen im Spezialfall $p = 2$?*

Übungsaufgabe 58 *Seien G eine endliche nilpotente Gruppe, und $g \in G \setminus Z(G)$. Was passiert, wenn G mit dem Normalteiler $N := \langle g^G \rangle$ übereinstimmt? Was passiert, wenn g^G in N eine Konjugiertenklasse bleibt? (Tip: Proposition 2.2.1)*

Übungsaufgabe 59 *Man betrachte $G := Q_{32}$. Für alle Konjugiertenklassen von G ermittle man konstruktiv eine endvertauschbare Anordnung. Wie kann man hieraus für G selbst eine endvertauschbare Anordnung gewinnen? Was sind die normalen Teilmengen von G? Wie lassen sich für diese endvertauschbare Anordnungen gewinnen? Zu den Konstruktionen fertige man jeweils eine Skizze an.*

Übungsaufgabe 60 *Seien G eine endliche p-Gruppe vom Exponenten p und K ein Körper der Charakteristik p. Welche Ordnung haben die Konjugiertenklassensummen und welche das Zentrum von G? Was folgt hieraus für den Exponenten und die Struktur von $Z(1 + rad(KG))$? Man gebe ein Beispiel für eine derartige Gruppe G basierend auf Matrizen an!*

Übungsaufgabe 61 *Man gebe φ_T für folgende Mengen T explizit an:*

(i) $T = \{a, b, c, d, \cdots, z\}$

(ii) $T = \{1, 3, 5, 7, 9, 11\}$

(iii) $T = \{2, 4, 6, 8, 10, 12\}$

(iv) $T = \{1, 2, 3, \cdots, 12\}$

(v) $T = \{2, 3, 5, 7, 11, 13, 17\}$.

Übungsaufgabe 62 *Seien $T := \underline{4}$ und $i \in \underline{4}_0$. Man berechne $\binom{T}{i}$ explizit.*

Übungsaufgabe 63 *Man beweise Proposition 2.4.3.*

Übungsaufgabe 64 *Man wende Proposition 2.4.3 auf $n \in \underline{4}$ an.*

Übungsaufgabe 65 *Man wende Teil (i) von Folgerung 2.4.4 auf $n \in \underline{4}$ an.*

Übungsaufgabe 66 *Man wende Teil (ii) von Folgerung 2.4.4 auf $n = 3, p = 2$ und $p = 3, n = 4$ an.*

Übungsaufgabe 67 *Man wende Teil (ii) von Folgerung 2.4.4 auf das Element $(a-1) + (b-1) \in rad(GF(2)D_8$ an und berechne alle 2-Potenzen bzgl. $\cdot$ und $*$.*

Übungsaufgabe 68 *Wie lautet der Hauptsatz über die Struktur endlicher abelscher Gruppen? Was besagt dieser für endliche abelsche p-Gruppen?*

Übungsaufgabe 69 *Seien G eine endliche abelsche p-Gruppe und K ein Körper der Charakteristik p. Dann haben G und $1 + \mathrm{rad}(KG)$ denselben Exponenten. (Tip: Was sind p-Potenzen zweier vertauschbarer Elemente in $\mathrm{char}(K) = p$?)*

Übungsaufgabe 70 *Man verwende Übungsaufgabe 69 in dem Fall, dass G elementar-abelsch ist. Was besagt die Übungsaufgabe dann? Was folgt über die Struktur von $1 + \mathrm{rad}(KG)$ in diesem Fall? Wie zerlegt sich $1 + \mathrm{rad}(KG)$ in zyklische Gruppen?*

Übungsaufgabe 71 *Man beweise Bemerkung 2.4.6.*

Übungsaufgabe 72 *Was besagt Proposition 2.4.7 für $K = GF(8)$ und $G \in \{D_{16}, Q_{16}, SD_{16}\}$?*

Übungsaufgabe 73 *Was besagt das Resultat 2.4.8 für $K = GF(8)$ und $G \in \{D_{16}, Q_{16}, SD_{16}\}$? Man berechne für alle drei Gruppen den Exponenten des Zentrums von $1 + \mathrm{rad}(KG)$.*

Übungsaufgabe 74 *Man wende die Resultate von 2.5.2, 2.5.3, 2.5.4 und 2.5.5 auf die Gruppen D_{32}, Q_{32} und SD_{32} im Falle $K := GF(64)$ an. Dabei leite man insbesondere Aussagen über die Konjugiertenklassensummen bzgl. der erzeugenden Elemente a, b dieser Gruppen ab. Als Untergruppe betrachte man die von a bzw. b erzeugte Untergruppe.*

Übungsaufgabe 75 *Man beweise Bemerkung 2.5.11.*

Übungsaufgabe 76 *Man wende Satz 2.5.12 auf die Ableitung von G an. Was bedeutet dies im Falle von $G = SD_{64}$?*

Übungsaufgabe 77 *Man konstruiere in SD_{32} geeignete Subnormalreihen und wende das Resultat 2.5.13 an.*

Übungsaufgabe 78 *Was besagt das Resultat 2.5.13 für die absteigende Zentralreihe, die aufsteigende Zentralreihe und die absteigende Kommutatorreihe?*

Übungsaufgabe 79 *Seien G eine endliche p-Gruppe und K ein Körper der Charakteristik p. Sei $n \in \mathbb{N}$, so dass p^n die maximale Länge der Konjugiertenklassen von G ist. Zu jedem $i \in \underline{n}_0$ sei C_{p^i} die Vereinigung der Konjugiertenklassen der Länge p^i von G. Was ist dann die Ordnung von $\overline{C_{p^i}}$ für alle $i \in \underline{n}_0$? (Tip: G ist Vereinigung der Konjugiertenklassen von G. Was ist die p-te Potenz von $\overline{G}$? Was wissen wir über das Potenzieren einer Konjugiertenklassensumme mit p?)*

64

Übungsaufgabe 80 *Seien G eine endliche p-Gruppe und K ein Körper der Charakteristik p. Sei $n \in \mathbb{N}$, so dass p^n die maximale Länge der Konjugiertenklassen von G ist. Zu jedem $i \in \underline{n}_0$ seien $C_{\leq p^i}$, $C_{\geq p^i}$, $C_{< p^i}$ und $C_{> p^i}$ die Vereinigung der Konjugiertenklassen der Länge $\leq p^i$, $\geq p^i$, $< p^i$ und $> p^i$ von G. Man wende Übungsaufgabe 79 auf die entsprechenden summierten Elemente in KG an, um deren Ordnung bzgl. $*$ zu ermitteln.*

Kapitel 3

Der Exponent des Zentrums für spezielle Gruppenklassen und Gruppenkonstruktionen

3.1 Der maximal mögliche Exponent

3.1.1 Proposition

Seien p eine Primzahl, K ein Körper mit $char(K) = p$, G eine p-Gruppe und M eine maximale Untergruppe von G. Für alle $m \in Z(M) \setminus Z(G)$ gilt $o(\overline{m^G}) = o(mZ(G))$.

Beweis: Aus den Voraussetzungen ergibt sich leicht, daß M der Zentralisator von m in G ist. Für alle $r \in \mathbb{N}$ gilt daher $C_G(m) < C_G(m^{p^r})$ genau dann, wenn m^{p^r} zentral in G ist. Also ist das minimale $r \in \mathbb{N}$ mit der Eigenschaft $C_G(m) < C_G(m^{p^r})$ genau die Ordnung von $mZ(G)$ in $G/Z(G)$. Die Behauptung ergibt sich damit aus Satz 2.4.8. $\diamond$

3.1.2 Beispiele

Sei K ein Körper mit $char(K) = 2$.

(i) **Diedergruppen:**
Sei $n \in \mathbb{N}_{\geq 3}$ und $G := D_{2^n}$. Dann gibt es $a, b \in G$, so daß $G = \langle a, b \rangle_{\mathcal{G}}$, $o(a) = 2^{n-1}$, $o(b) = 2$ und $a^b = a^{-1}$ gelten. Bekanntlich gilt $Z(G) = \langle a^{(2^{n-2})} \rangle_{\mathcal{G}}$, und die Untergruppe $M := \langle a \rangle_{\mathcal{G}}$ ist abelsch und maximal in G. Wegen $n \in \mathbb{N}_{\geq 3}$ ergibt sich $a \in Z(M) \setminus Z(G)$, und aus Proposition 3.1.1 folgt nun $o(\overline{a^G}) = o(aZ(G)) = 2^{n-2}$.

(ii) **Semidiedergruppen:**
Sei $n \in \mathbb{N}_{\geq 3}$ und $G := SD_{2^n}$. Dann gibt es $a, b \in G$, so daß $G = \langle a, b \rangle_{\mathcal{G}}$,

$o(a) = 2^{n-1}$, $o(b) = 2$ und $a^b = a^{-1+2^{n-2}}$ gelten. Durch einen zu Teil (i) analogen Beweis können wir einsehen, daß auch hier $o(\overline{a^G}) = o(aZ(G)) = 2^{n-2}$ gilt.

(iii) **Quaternionengruppen:**
Sei $n \in \mathbb{N}_{\geq 3}$ und $G := Q_{2^n}$. Dann gibt es $a, b \in G$, so daß $G = \langle a, b \rangle_{\mathcal{G}}$, $o(a) = 2^{n-1}$, $b^2 = a^{2^{n-2}}$ und $a^b = a^{-1}$ gelten. Wie in Teil (i) zeigt sich $o(\overline{a^G}) = o(aZ(G)) = 2^{n-2}$.

(iv) **Erweiterung von Proposition 3.1.1:**
Seien p eine Primzahl, G eine p-Gruppe und $char(K) = p$. Wir verwenden die Propositionen 3.1.1 und 2.5.4, um eine weitere Abschätzung für $o(\overline{g^G})$ herzuleiten. Seien $n \in \mathbb{N}$, für alle $i \in \underline{n}$ die Menge M_i eine maximale Untergruppe von M_{i+1}, so daß $M_{n+1} = G$, $g \notin Z(M_i)$ für alle $i \in \underline{n+1} \setminus \underline{1}$ und $g \in Z(M_1)$ gelten. Dann erhalten wir $o(\overline{g^G}) \leq o(\overline{g^{M_2}}) = o(gZ(M_2))$ (in $M_2/Z(M_2)$).
Anhand von Teil (i) zeigen wir in dem Fall $n = 4$, wie sich diese Abschätzung auf $\overline{b^G}$ auswirkt. Es seien $M_3 = G$, $M_2 = \langle a^2 \rangle_{\mathcal{G}}$ und $M_1 = \langle a^4 \rangle_{\mathcal{G}}$. Dann gilt $b \notin Z(M_3) \cup Z(M_2)$ sowie $b \in Z(M_1)$, und wir erhalten $o(\overline{b^G}) \leq o(\overline{b^{M_2}}) = o(bZ(M_2)) = 2.\diamond$

3.1.3 Bemerkung

Seien p eine Primzahl, K ein Körper mit $char(K) = p$ und G eine nicht-abelsche p-Gruppe. Aus $exp(Z(G)) = \frac{|G|}{p^2}$ ergibt sich mit Proposition 2.4.7 sowie mit Folgerung 2.5.3, daß $exp(Z(rad(KG)^*))$ die maximal mögliche obere Schranke $\frac{|G|}{p^2}$ annimmt.$\diamond$

3.1.4 Proposition

Seien p eine Primzahl, K ein Körper mit $char(K) = p$ und G eine nicht-abelsche p-Gruppe. Besitzt G eine zyklische maximale Untergruppe, so ist der Exponent von $Z(rad(KG)^*)$ genau $\frac{|G|}{p^2}$. Insbesondere wird von $exp(Z(rad(KG)^*))$ die maximal mögliche obere Schranke angenommen (siehe Folgerung 2.5.3).

Beweis: Den Seiten 98 und 99 in [27] ist zu entnehmen, daß wir aufgrund der Beispiele 3.1.2 nur noch zwei Gruppentypen zu betrachten haben: Es sind die der Teile (a) und (d) von Satz 5.3.2 aus [27].

1.Fall: Seien $p \neq 2$, $n \in \mathbb{N}_{\geq 3}$ und $h, a \in G$, so daß $o(h) = p^n$, $o(a) = p$, $G = \langle h, a \rangle_{\mathcal{G}}$, $|G| = p^{n+1}$ und $h^a = h^{1+p^{n-1}}$ gelten.
Aus $(h^p)^a = (h^a)^p = (h^{1+p^{n-1}})^p = h^p$ erhalten wir $Z(G) = \langle h^p \rangle_{\mathcal{G}}$. Daraus

folgt $exp(Z(G)) = \frac{|G|}{p^2}$, und mit Bemerkung 3.1.3 ist in diesem Fall die Behauptung bewiesen.

2.Fall: Hier betrachten wir die Gruppe G aus Teil (d) von Satz 5.3.2 in [27]. Das ist dieselbe Gruppe wie im ersten Fall, nur für $p = 2$.◇

3.1.5 Lemma

Seien p eine Primzahl, K ein Körper mit $char(K) = p$, $n \in \mathbb{N}_{\geq 4}$ und G eine nicht-abelsche Gruppe mit $| G | = p^n$. Für alle $g \in G \setminus Z(G)$ mit $o(\overline{g^G}) = \frac{|G|}{p^2}$ gilt $o(g) = \frac{|G|}{p}$.

Beweis: Ist $g \in G \setminus Z(G)$, und gilt $o(\overline{g^G}) = p^{n-2}$, so folgt aus Satz 2.4.8

(1) $C_G(g) = C_G(g^{p^{n-3}}) < C_G(g^{p^{n-2}})$.

Wir erkennen, daß g von der Ordnung p^{n-1} oder p^{n-2} ist, und wir nehmen daher im Folgenden

(2) $o(g) = p^{n-2}$

an. Aufgrund von (1) und (2) erhalten wir

(3) $Z(G) \cap \langle g \rangle_{\mathcal{G}} = \{1_G\}$.

Wegen $\langle g \rangle_{\mathcal{G}} Z(G) \leq C_G(g) < G$ ergeben (1) und (2), daß $(Z(G), \langle g \rangle_{\mathcal{G}})$ eine direkte Zerlegung von $C_G(g)$ ist, das Zentrum von G die Ordnung p sowie der Zentralisator von g in G die Ordnung p^{n-1} besitzt. Insbesondere ist $C_G(g)$ ein Normalteiler von G, und die Konjugiertenklassen zu $g, \ldots, g^{p^{n-3}}$ sind alle von der Länge p. Aus $g \in C_G(g)$ ergibt sich $g^G \subseteq C_G(g)$. Daraus folgern wir $(g^{p^{n-3}})^G = (g^G)^{p^{n-3}} \subseteq C_G(g)^{p^{n-3}} = \langle g^{p^{n-3}} \rangle_{\mathcal{G}}$. Da die erste und die letzte Menge dieser Inklusionskette die Mächtigkeit p besitzen, sind 1_G und $g^{p^{n-3}}$ in G konjugiert. Das ist ein Widerspruch zu (2). ◇

Wir können nun diejenigen p-Gruppen G beschreiben, für die der Exponent von $Z(rad(KG)^*)$ den maximal möglichen Wert $\frac{|G|}{p^2}$ annimmt.

3.1.6 Satz

Sind p eine Primzahl, K ein Körper mit $char(K) = p$ und G eine nicht-abelsche p-Gruppe, so sind die folgenden Aussagen äquivalent:

(i) $exp(Z(rad(KG)^*)) = \frac{|G|}{p^2}$

(ii) G besitzt eine zyklische maximale Untergruppe, oder es gilt
$$Z(G) \cong_{\mathcal{G}} Z_{\frac{|G|}{p^2}}$$

Beweis: Die Implikation von (ii) nach (i) folgt aus Proposition 3.1.4 und Bemerkung 3.1.3. Ist (i) erfüllt, so gilt nach Proposition 2.4.7 entweder $exp(Z(G)) = \frac{|G|}{p^2}$, oder es gibt ein $g \in G \setminus Z(G)$ mit $o(\overline{g^G}) = \frac{|G|}{p^2}$. Die Aussage (ii) ergibt sich nun aus Bemerkung 3.1.3 und Lemma 3.1.5.◇

3.1.7 Bemerkung

Seien p eine ungerade Primzahl und G eine nicht-abelsche p-Gruppe von der Ordnung p^3 und vom Exponenten p. Dann gilt $|Z(G)| = \frac{|G|}{p^2}$, und G besitzt keine zyklische maximale Untergruppe.

Ist $n \in \mathbb{N}_{\geq 4}$, so enthält die Diedergruppe D_{2^n} eine zyklische maximale Untergruppe, und ihr Zentrum hat die Ordnung $2 < \frac{|D_{2^n}|}{2^2}$.◇

3.2 Der minimal mögliche Exponent

3.2.1 Satz

Seien p eine Primzahl, K ein Körper mit $char(K) = p$ und G eine p-Gruppe. Die folgenden Aussagen sind äquivalent:

(i) $Z(rad(KG)^*)$ ist elementar-abelsch.

(ii) $Z(G)$ ist elementar-abelsch, und für alle $g \in G \setminus Z(G)$
    gilt $C_G(g) < C_G(g^p)$.

Beweis: Dieser Satz ergibt sich aus Proposition 2.4.7 und Satz 2.4.8.◇

Jede endliche p-Gruppe G ist zu einer Untergruppe einer p-Sylow-Untergruppe von $GL(|G|, GF(p))$ $\mathcal{G}$-isomorph. Im Folgenden zeigen wir, daß diese Gruppen die Bedingung (ii) von Satz 3.2.1 erfüllen.

3.2.2 Die p-Sylow-Untergruppen von $GL(n, GF(p^r))$

3.2.2.1 Bemerkung

Seien p eine Primzahl, $n \in \mathbb{N}$ und K ein endlicher Körper mit $char(K) = p$. Die Gruppe P_n der um Eins verschobenen strikt unteren Dreiecksmatrizen von $K^{n \times n}$ ist eine p-Sylow-Untergruppe von $GL(n, K)$.◇

3.2.2.2 Definition und Bemerkung

Seien K ein Körper und $n \in \mathbb{N}$. Sind $i, j \in \underline{n}$, so bezeichnen wir mit $E_{i,j}$ diejenige $n \times n$-Matrix, für die $(i; j)E_{i,j} = 1_K$ und $(k; l)E_{i,j} = 0_K$ für alle

$k, l \in \underline{n}$ mit $(k; l) \neq (i; j)$ gilt.

Die Menge $\{E_{i,j} \mid i, j \in \underline{n}\}$ ist eine K-Basis von $K^{n \times n}$, und für alle $i, j, k, l \in \underline{n}$ mit $j \neq k$ gelten $E_{i,j}E_{j,l} = E_{i,l}$ und $E_{i,j}E_{k,l} = 0_{K^{n \times n}}$.

Mit $su(n, K)$ bezeichnen wir die Menge der strikt unteren Dreiecksmatrizen.◊

Die folgende Proposition läßt sich leicht verifizieren:

3.2.2.3 Proposition

Sind p eine Primzahl, $n \in \mathbb{N}$ und K ein endlicher Körper mit $char(K) = p$, so ist $Z(P_n) = 1_{K^{n \times n}} + \langle E_{n,1} \rangle_K$ elementar-abelsch.◊

Wegen der Produktregel für Matrizen gilt:

3.2.2.4 Proposition

Sind K ein Körper, $n \in \mathbb{N}$ und $A, B \in su(n, K)$, so gelten:

(i) Es gebe ein $r \in \underline{n}$, so daß für alle $i, j \in \underline{n} \setminus \underline{r-1}$ die Aussage $(i; j)A = (i; j)B = 0_K$ gelte. Dann gilt für alle $p \in \mathbb{N}$ und für alle $i, j \in \underline{n} \setminus \underline{r-2}$ die Aussage $(i; j)(AB) = (i; j)(A^p) = 0_K$.

(ii) Es gebe ein $r \in \underline{n}$, so daß für alle $i, j \in \underline{n} \setminus \underline{r-1}$ $(i; j)A = 0_K$ gelte. Dann gilt $E_{r,1}A = 0_K = AE_{r,1}$.

(iii) Ist $r \in \underline{n}$, so gilt genau dann $AE_{r,1} = 0_K$, wenn für alle $i \in \underline{n}$ $(i; r)A = 0_K$ gilt.◊

3.2.2.5 Folgerung

Sind p eine Primzahl, $n \in \mathbb{N}$ und K ein endlicher Körper mit $char(K) = p$, so ist $Z(rad(KP_n)^*)$ elementar-abelsch.

Beweis: Wegen des Satzes 2.4.8, der Proposition 2.4.7 und der Proposition 3.2.2.3 müssen wir nur noch einsehen, daß für alle $g \in P_n \setminus Z(P_n)$ die Gruppe $C_{P_n}(g)$ echt in $C_{P_n}(g^p)$ enthalten ist. Sei $g \in P_n$. Dann gibt es ein $M \in su(n, K)$, so daß $g = 1_{K^{n \times n}} + M$ gilt. Wegen $g^p = 1_{K^{n \times n}} + M^p$ genügt es zu zeigen, daß $C_{su(n,K)}(M)$ echt in $C_{su(n,K)}(M^p)$ enthalten ist. Im Folgenden nehmen wir an, daß diese Mengen übereinstimmen.

Wegen $M \in su(n, K)$ ergeben die Aussagen (i) und (ii) von Proposition 3.2.2.4, daß $M^p E_{n-1,1} = 0_{K^{n \times n}} = E_{n-1,1}M^p$ gilt. Aus unserer Annahme und mit $E_{n-1,1}M = 0_{K^{n \times n}}$ folgern wir $ME_{n-1,1} = 0_{K^{n \times n}}$. Also gilt nach Teil (iii) von Proposition 3.2.2.4 für alle $i \in \underline{n}$ die Bedingung $(i; n-1)M = 0_K$. Daher ist Teil (i) von Proposition 3.2.2.4 mit $n-1$ erfüllt. Mit Hilfe von $E_{n-2,1}$ erhalten wir durch einen analogen Schluß

$(i; n-2)M = 0_K$ für alle $i \in \underline{n}$. Auf diese Weise ergibt sich induktiv die Aussage $M = 0_{K^{n \times n}}$, was unserer Annahme widerspricht. $\diamond$

3.2.2.6 Folgerung

Seien p eine Primzahl, $n \in \mathbb{N}$ und K ein endlicher Körper mit $char(K) = p$. Dann ist für jede p-Sylow-Untergruppe P von $GL(n, K)$, $PGL(n, K)$, $SL(n, K)$ und von $PSL(n, K)$ das Zentrum von $rad(KP)^*$ elementarabelsch.

Beweis: Nach Satz 7.1 auf Seite 185 in [13] sind die p-Sylow-Untergruppen dieser Gruppen $\mathcal{G}$-isomorph. Die Behauptung ergibt sich damit aus Folgerung 3.2.2.5. $\diamond$

In diversen interessanten Fällen ist der Exponent des Zentrums von $1_G + rad(KG)$ schlicht gleich dem von $Z(G)$:

3.2.3 Proposition

Seien p eine Primzahl, K ein Körper mit $char(K) = p$ und G eine p-Gruppe, die $exp(G/Z(G)) \leq exp(Z(G))$ erfüllt. Dann gilt $exp(Z(rad(KG)^*)) = exp(Z(G))$.

Beweis: Diese Aussage folgt aus Teil (iii) von Proposition 2.5.2. $\diamond$

3.2.4 Folgerung

Seien p eine Primzahl, G eine p-Gruppe und K ein Körper mit $char(K) = p$.

(i) Ist die Nilpotenzklasse von G kleiner oder gleich zwei, so gilt
$exp(Z(rad(KG)^*)) = exp(Z(G))$.

(ii) Ist $\mid G' \mid \leq p$, so gilt $exp(Z(rad(KG)^*)) = exp(Z(G))$.

(iii) Ist G^p zentral in G, so gilt $exp(Z(rad(KG)^*)) = exp(Z(G))$

(iv) Ist $\Phi(G)$ zentral in G, so gilt $exp(Z(rad(KG)^*)) = exp(Z(G))$.

(v) Ist G eine spezielle p-Gruppe, so gilt $exp(Z(rad(KG)^*)) = p$.

Beweis: ad(i): Ist die Nilpotenzklasse von G kleiner oder gleich zwei, so gilt nach Teil (a) von Satz 2.13 auf Seite 266 in [13] $exp(G/Z(G)) \leq exp(Z(G))$. Also folgt (i) aus Proposition 3.2.3.

ad(ii): Diese Aussage folgt direkt aus (i).

ad(iii): Ist G^p zentral in G, so gilt $exp(G/Z(G)) \leq p \leq exp(Z(G))$. Somit gilt (ii) nach Proposition 3.2.3.

ad(iv): Diese Aussage folgt aus (iii).

ad(v): Diese Aussage folgt aus (iv).◇

3.2.5 Proposition

Sind p eine Primzahl, G eine reguläre p-Gruppe und K ein Körper mit $char(K) = p$, so gelten:

(i) Für alle $g \in G \setminus Z(G)$ gilt $o(\overline{g^G}) = p$.

(ii) $exp(Z(rad(KG)^*)) = exp(Z(G))$

Beweis: ad(i): Nach Teil (b) von Satz 10.6 auf Seite 326 in [13] ist für alle $a, b \in G$ die Gleichung $[a^p, b] = 1_G$ genau dann erfüllt, wenn $[a, b^p] = 1_G$ gilt. Die Aussage (i) folgt nun aus Lemma 2.5.7.

ad(ii): Diese Aussage ergibt sich aus (i) und aus Proposition 2.4.7.◇

Wir zeigen nun, daß auch die minimal nicht-abelschen p-Gruppen die Voraussetzung von Proposition 3.2.3 erfüllen und geben anschließend den Exponenten des Zentrums für die verschiedenen Isomorphietypen dieser Gruppen an.

3.2.6 Minimal nicht-abelsche p-Gruppen

3.2.6.1 Proposition

Ist G eine endliche, minimal nicht-abelsche Gruppe, so gilt $\Phi(G) = Z(G)$.

Beweis: Sei $g \in G \setminus Z(G)$. Ist U eine g enthaltene maximale Untergruppe von G, so zentralisiert nach Voraussetzung U das Element g. Wegen $g \notin Z(G)$ und der Maximalität von U erkennen wir $C_G(g) = U$.
Sei U eine maximale Untergruppe von G. Wäre U zentral in G, so müßte $Z(G)$ eine maximale Untergruppe von G sein. Aus der Endlichkeit von G würde sich ergeben, daß G abelsch ist. Also ist U nicht zentral in G, und es existiert ein $g \in U \setminus Z(G)$. Da U abelsch und g nicht zentral in G ist, folgern wir $U = C_G(g)$.
Somit haben wir bewiesen, daß die maximalen Untergruppen von G genau die Zentralisatoren der nicht-zentralen Elemente von G sind, woraus die Behauptung folgt.◇

3.2.6.2 Folgerung

Sind p eine Primzahl, G eine minimal nicht-abelsche p-Gruppe und K ein Körper mit $char(K) = p$, so gilt $exp(Z(rad(KG)^*)) = exp(Z(G))$.

Beweis: Diese Folgerung ergibt sich aus Proposition 3.2.6.1 und aus Teil (iii) von Folgerung 3.2.4.$\diamond$

3.2.6.3 Anmerkung

Seien p eine Primzahl und G eine minimal nicht-abelsche p-Gruppe. Nach Aufgabe 22 von Seite 309 in [13] gibt es drei Typen solcher Gruppen:

Typ 1: $G \cong_{\mathcal{G}} Q_8$
Es gilt $exp(Z(Q_8)) = 2$.

Typ 2: Es existieren $r \in \mathbb{N}_{\geq 2}$, $s \in \mathbb{N}$ und $a, b \in G$, so daß $G = \langle a, b \rangle_{\mathcal{G}}$, $o(a) = p^r$, $o(b) = p^s$ und $a^b = a^{1+p^{r-1}}$ gelten. Es ist $(\langle a \rangle_{\mathcal{G}}, \langle b \rangle_{\mathcal{G}})$ eine semidirekte Zerlegung von G. Eine leichte Rechnung zeigt uns, daß $(\langle a^p \rangle_{\mathcal{G}}, \langle b^p \rangle_{\mathcal{G}})$ eine direkte Zerlegung von $Z(G)$ ist, und wir erhalten $exp(Z(G)) = max\{p^{r-1}, p^{s-1}\}$.

Typ 3: Es exsitieren $r, s \in \mathbb{N}$, und $a, b \in G$, so daß $G = \langle a, b \rangle_{\mathcal{G}}$, $o(a) = p^s$, $o(b) = p^r$, $o([a,b]) = p$ und $\mid G \mid = p^{s+r+1}$ gelten. Wir zeigen zunächst, daß $G' = \langle [a,b] \rangle_{\mathcal{G}}$ gilt.
Sei $g \in G \setminus Z(G)$. Da jede Untergruppe von G abelsch ist, besitzt $C_G(g)$ den Index p in G. Also hat jede nicht-zentrale Konjugiertenklasse von G die Länge p. Nach einem Satz von Knoche (siehe [15]) gilt $\mid G' \mid = p$, und es folgt die Behauptung.
Als nächstes beweisen wir, daß für $p \neq 2$ die Identitäten $G^p = \langle a^p \rangle_{\mathcal{G}} \langle b^p \rangle_{\mathcal{G}}$ und $G^2 = G' \langle a^2 \rangle_{\mathcal{G}} \langle b^2 \rangle_{\mathcal{G}}$ gelten.
Sei $z := [a,b] \in Z(G)$. Es gilt $ab = baz$, und mit einer leichten Induktion können wir für alle $j, k, n \in \mathbb{N}$

$$(1) \quad (a^j b^k)^n = z^{nk + \frac{n(n+1)j}{2}} b^{nk} a^{nj}$$

herleiten. Sei $g \in G$. Wegen (1) und $G = \langle a, b \rangle_{\mathcal{G}}$ existieren $j \in \underline{p^s}$, $k \in \underline{p^r}$ und $i \in \underline{p}$ mit $g = z^i a^j b^k$. Aus (1) und wegen $o(z) = p$ ergibt sich $g^p = (a^i b^j)^p = z^{\frac{p(p+1)j}{2}} b^{pk} a^{pj}$. Für $p \neq 2$ erhalten wir daraus $g^p = b^{pk} a^{pj}$, und für $p = 2$ gilt $g^2 = z^{3j} b^{2k} a^{2j}$.
Aus Proposition 3.2.6.1 ergibt sich $Z(G) = \langle a^p \rangle_{\mathcal{G}} \langle b^p \rangle_{\mathcal{G}} \langle z \rangle_{\mathcal{G}}$, und daher ist der Exponent dieser abelschen Gruppe genau $max\{p^{s-1}, p^{r-1}, p\}$.$\diamond$

In den folgenden Abschnitten dieses Kapitels untersuchen wir das Verhalten des Exponenten von $Z(rad(KG)^*)$ unter diversen Gruppenkonstruktionen.

3.3 Direkte Produkte mit vereinigten zentralen Untergruppen

Wir erinnern zunächst an die Definition und an einige Eigenschaften dieser speziellen Produkte:

3.3.1 Definition

Seien G_1, G_2 Gruppen, $U_i \leq Z(G_i)$ für alle $i \in \underline{2}$ und $\mu : U_1 \longrightarrow U_2$ ein $\mathcal{G}$-Isomorphismus. Es ist $D_\mu := \{(u; (u\mu)^{-1}) \mid u \in U_1\}$ eine zentrale Untergruppe von $G_1 \times G_2$. Wir definieren $G_1 \mathsf{Y}_\mu G_2 := (G_1 \times G_2)/D_\mu$ und nennen diese Gruppe das direkte Produkt von G_1 und G_2 mit den vermöge μ vereinigten zentralen Untergruppen U_1 und U_2. Besteht Klarheit über μ, so schreiben wir auch D und $G_1 \mathsf{Y} G_2$ an Stelle von D_μ und $G_1 \mathsf{Y}_\mu G_2$.$\diamond$

Der nächste Satz rechtfertigt diesen Sprachgebrauch:

3.3.2 Satz

Sind G_1, G_2 Gruppen, $U_i \leq Z(G_i)$ für alle $i \in \underline{2}$ und $\mu : U_1 \longrightarrow U_2$ ein $\mathcal{G}$-Isomorphismus, so gelten:

  (i) $\alpha_1 : G_1 \longrightarrow G_1 \mathsf{Y} G_2$, $g \mapsto (g; 1_{G_2})D$ ist ein $\mathcal{G}$-Monomorphismus.

 (ii) $\alpha_2 : G_2 \longrightarrow G_1 \mathsf{Y} G_2$, $g \mapsto (1_{G_1}; g)D$ ist ein $\mathcal{G}$-Monomorphismus.

(iii) $G_1 \alpha_1$ und $G_2 \alpha_2$ sind zwei sich zentralisierende und G $\mathcal{G}$-erzeugende Normalteiler von G.

 (iv) Für alle $u \in U_1$ gilt $u\alpha_1 = u(\mu\,\alpha_2)$.

  (v) $G_1 \alpha_1 \cap G_2 \alpha_2 = U_1 \alpha_1 = U_2 \alpha_2$

Beweis: Dieser Satz folgt aus Satz 3.10 von Seite 49 in [13].$\diamond$

Eine Symmetrieeigenschaft dieser Gruppenkonstruktion beschreibt die nächste Bemerkung:

3.3.3 Bemerkung

Seien G_1, G_2 Gruppen, $U_i \leq Z(G_i)$ für alle $i \in \underline{2}$ und $\mu : U_1 \longrightarrow U_2$ ein $\mathcal{G}$-Isomorphismus. Dann ist

$$\Phi : G_1 \mathsf{Y}_\mu G_2 \longrightarrow G_2 \mathsf{Y}_{\mu^{-1}} G_1, \ (g_1; g_2)D_\mu \mapsto (g_2; g_1)D_{\mu^{-1}}$$

ein $\mathcal{G}$-Isomorphismus.$\diamond$

3.3.4 Proposition

Sind G_1, G_2 Gruppen, $U_i \leq Z(G_i)$ für alle $i \in \underline{2}$ und $\mu : U_1 \longrightarrow U_2$ ein $\mathcal{G}$-Isomorphismus, so gelten:

(i) $Z(G_1 \mathsf{Y} G_2) = (Z(G_1) \times Z(G_2))/D = Z(G_1) \mathsf{Y} Z(G_2)$

(ii) Sind p eine Primzahl und G_1, G_2 p-Gruppen, so gilt
$exp(Z(G_1 \mathsf{Y} G_2)) = max\{exp(Z(G_1)), exp(Z(G_2))\}$.

Beweis: ad(i): Offenbar ist $(Z(G_1) \times Z(G_2))/D$ zentral in $G_1 \mathsf{Y} G_2$. Sei $(g_1; g_2) \in G_1 \times G_2$, so daß $(g_1; g_2)D$ im Zentrum von $G_1 \mathsf{Y} G_2$ liegt. Ist $a \in G_1$, so ergibt sich $(g_1; g_2)D(a; 1_{G_2})D = (a; 1_{G_2})D(g_1; g_2)D$, woraus wir $([g_1, a]; 1_{G_2})D = D$ schließen. Aus Teil (i) von Satz 3.3.2 folgt $[g_1, a] = 1_{G_1}$, und g_1 ist zentral in G_1. Wenden wir dieses Ergebnis an, so zeigt uns die Bemerkung 3.3.3, daß g_2 zentral in G_2 ist. Die zweite Gleichheit in (ii) gilt per Definition 3.3.1.

ad(ii): Aus (i) und den Teilen (i) und (ii) von Satz 3.3.2 schließen wir $exp(Z(G_1 \mathsf{Y} G_2)) \geq max\{exp(Z(G_1)), exp(Z(G_2))\}$. Da $Z(G_1 \mathsf{Y} G_2)$ eine abelsche Gruppe ist, ergeben (i) und Teil (iii) von Satz 3.3.2 die fehlende Ungleichung.$\diamond$

3.3.5 Proposition

Sind G_1, G_2 Gruppen, $U_i \leq Z(G_i)$ für alle $i \in \underline{2}$, $\mu : U_1 \longrightarrow U_2$ ein $\mathcal{G}$-Isomorphismus und $(g_1; g_2) \in G_1 \times G_2$, so gelten:

(i) Ist g_2 zentral in G_2, so gilt $C_{G_1 \mathsf{Y} G_2}((g_1; g_2)D) = (C_{G_1}(g_1)\alpha_1)(G_2 \alpha_2)$.

(ii) Ist g_1 zentral in G_1, so gilt $C_{G_1 \mathsf{Y} G_2}((g_1; g_2)D) = (G_1 \alpha_1)(C_{G_2}(g_2)\alpha_2)$.

Beweis: Wegen der Bemerkung 3.3.3 genügt es, Teil (i) zu beweisen. Offenbar zentralisiert $(C_{G_1}(g_1)\alpha_1)(G_2\alpha_2)$ das Element $(g_1; g_2)D$. Sei $(a; b) \in G_1 \times G_2$, so daß $(a; b)D \in C_{G_1 \mathsf{Y} G_2}((g_1; g_2)D)$ gelte. Dann gibt es ein $u \in U_1$ mit $[a, g_1] = u$ und $[b, g_2] = (u\mu)^{-1}$. Da g_2 zentral in G_2 ist, folgern wir $(u\mu)^{-1} = 1_{G_2}$, woraus sich $u = 1_{G_1}$ und $a \in C_{G_1}(g_1)$ ergeben.$\diamond$

3.3.6 Lemma

Sind p eine Primzahl, K ein Körper mit $char(K) = p$, G_1, G_2 p-Gruppen, $U_i \leq Z(G_i)$ für alle $i \in \underline{2}$, $\mu : U_1 \longrightarrow U_2$ ein $\mathcal{G}$-Isomorphismus und $(g_1; g_2) \in G_1 \times G_2$, so gelten:

(i) Aus $g_2 \in Z(G_2)$ und $g_1 \notin Z(G_1)$ folgt

$$o(\overline{((g_1; g_2)D)^{G_1 \mathsf{Y} G_2}}) = o(\overline{g_1^{G_1}}).$$

(ii) Aus $g_1 \in Z(G_1)$ und $g_2 \notin Z(G_2)$ folgt

$$o(\overline{((g_1;g_2)D)^{G_1 \curlyvee G_2}}) = o(\overline{g_2^{G_2}}).$$

(iii) Aus $g_1 \notin Z(G_2)$ und $g_2 \notin Z(G_2)$ folgt

$$o(\overline{((g_1;g_2)D)^{G_1 \curlyvee G_2}}) \leq min\{o(\overline{g_1^{G_1}}), o(\overline{g_2^{G_2}})\}.$$

Beweis: ad(i): Für alle $n \in \mathbb{N}$ gilt $((g_1;g_2)D)^n = (g_1^n; g_2^n)D$. Aus Proposition 3.3.5 ergibt sich für alle $n \in \mathbb{N}$ die Beziehung $C_{G_1 \curlyvee G_2}(((g_1;g_2)D)^n) = (C_{G_1}(g_1^n)\alpha_1)(G_2\alpha_2)$. Wegen des Satzes 2.4.8 müssen wir noch einsehen, daß für alle $n \in \mathbb{N}$ genau dann (1) $C_{G_1}(g_1^n) > C_{G_1}(g_1)$ gilt, wenn (2) $(C_{G_1}(g_1^n)\alpha_1)(G_2\alpha_2) > (C_{G_1}(g_1)\alpha_1)(G_2\alpha_2)$ erfüllt ist. Die Implikation von (2) nach (1) ist per Kontraposition leicht zu zeigen. Es gelte nun (1), und es sei $x \in C_{G_1}(g_1^n) \setminus C_{G_1}(g_1)$. Dann zentralisiert $(x; 1_{G_2})D$ das Element $(g_1^n; g_2)D$. Wir nehmen an, daß $(x; 1_{G_2})D$ auch $(g_1; g_2)D$ zentralisiere. Dann existiert ein $u \in U_1$, so daß $[x, g_1] = u$ und $1_{G_2} = [1_{G_2}, g_2] = (u\mu)^{-1}$ gelten. Somit würden sich $u = 1_{G_1}$ und $[x, g_1] = 1_{G_1}$ ergeben.

ad(ii): Diese Aussage folgt aus (i) und aus der Bemerkung 3.3.3.

ad(iii): Wir zeigen $o(\overline{((g_1;g_2)D)^{G_1 \curlyvee G_2}}) \leq o(\overline{g_1^{G_1}})$. Daraus ergibt sich mit der Bemerkung 3.3.3 die Behauptung. Sei $n \in \mathbb{N}$, so daß $o(\overline{g_1^{G_2}}) = p^n$ gilt. Nach Satz 2.4.8 existiert ein $x \in C_{G_1}(g_1^{p^n}) \setminus C_{G_1}(g_1)$. Offenbar zentralisiert $(x; 1_{G_2})D$ das Element $((g_1;g_2)D)^{p^n}$, und wir nehmen an, daß $(x; 1_{G_2})D$ auch $(g_1; g_2)D$ zentralisiere. Dann würde $([g_1, x]; 1_{G_2})D = D$ gelten, und aus Teil (i) von Satz 3.3.2 ergäbe sich $[g_1, x] = 1_{G_1}$. Das ist ein Widerspruch zur Wahl von x, und mit Satz 2.4.8 ergibt sich die Behauptung. $\diamond$

3.3.7 Satz

Sind p eine Primzahl, K ein Körper mit $char(K) = p$, G_1, G_2 p-Gruppen, $U_i \leq Z(G_i)$ für alle $i \in \underline{2}$ und $\mu : U_1 \longrightarrow U_2$ ein $\mathcal{G}$-Isomorphismus, so ist der Exponent von $Z(rad(K(G_1 \curlyvee G_2))^*)$ genau $max\{exp(Z(rad(KG_1)^*)), exp(Z(rad(KG_2)^*))\}$.

Beweis: Dieser Satz ergibt sich aus Proposition 2.4.7, aus Satz 2.4.8, aus Proposition 3.3.4 und aus Lemma 3.3.6. $\diamond$

3.3.8 Folgerung

Sind p eine Primzahl, K ein Körper mit $char(K) = p$ und G_1, G_2 p-Gruppen, so ist der Exponent von $Z(rad(K(G_1 \times G_2))^*)$ genau

$$max\{exp(Z(rad(KG_1)^*)), exp(Z(rad(KG_2)^*))\}.$$

Beweis: Diese Folgerung ist ein Spezialfall von Satz 3.3.7.$\diamond$

3.3.9 Beispiel

Die nicht-abelschen Hamiltonschen p-Gruppen sind nach Satz 7.12 von Seite 308 in [13] genau diejenigen 2-Gruppen G, für die es ein $n \in \mathbb{N}$ gibt, so daß $G \cong_{\mathcal{G}} Q_8 \times Z_2^n$ gilt. Ist K ein Körper mit $char(K) = 2$, so erhalten wir aus Folgerung 3.3.8 sowie aus den Beispielen 3.1.2, daß $Z(rad(KG)^*)$ elementar-abelsch ist.$\diamond$

3.3.10 Folgerung

Ist p eine Primzahl, K ein Körper mit $char(K) = p$ und G eine extra-spezielle p-Gruppe, so ist $Z(rad(KG)^*)$ elementar-abelsch.

Beweis: Jede extra-spezielle p-Gruppe ist zu einem direkten Produkt mit vereinigten Zentren von nicht-abelschen Gruppen der Ordnung p^3 $\mathcal{G}$-isomorph. Damit ergibt sich die Behauptung aus Satz 3.3.7 und aus Folgerung 2.5.3.$\diamond$

3.3.11 Weitere Anwendungen

(i) Seien p eine Primzahl, K ein Körper mit $char(K) = p$ und G eine nicht-abelsche p-Gruppe, für die jede abelsche charakteristische Untergruppe zyklisch sei. Nach Satz 11.10 auf Seite 357 in [13] ergeben sich für die Struktur von G die folgenden fünf Möglichkeiten:

1.Fall: Es gelte $p \neq 2$. Dann ist G das direkte Produkt mit vereinigten zentralen Untergruppen einer extra-speziellen p-Gruppe und der zyklischen Gruppe $Z(G)$. Aus Satz 3.3.7 und Folgerung 3.3.10 erhalten wir, daß der Exponent von $Z(rad(KG)^*)$ genau $| Z(G) |$ ist.

2.Fall: Es ist $p = 2$ und G eine extra-spezielle 2-Gruppe. Aus Folgerung 3.3.10 ergibt sich, daß $Z(rad(KG)^*)$ elementar-abelsch ist.

3.Fall: G ist eine Dieder-, eine Semidieder- oder eine Quaternionengruppe. Wegen der Beispiele 3.1.2 gilt in diesem Fall $exp(Z(rad(KG)^*)) = \frac{|G|}{2^2}$.

4.Fall: Es ist $p = 2$ und G ein direktes Produkt mit vereinigten zentralen Untergruppen einer extra-speziellen 2-Gruppe und einer zyklischen 2-Gruppe Q. Dann gilt nach Folgerung 3.3.10 und nach Satz 3.3.7, daß der Exponent von $Z(rad(KG)^*)$ genau $| Q |$ ist.

5.Fall: Es ist $p = 2$ und G das direkte Produkt mit vereinigten zentralen Untergruppen einer extra-speziellen 2-Gruppe und einer Dieder-, Semidieder- oder einer Quaternionengruppe der Ordnung 2^n. Dann gilt nach Satz 3.3.7, nach den Beispielen 3.1.2 und nach Folgerung 3.3.10, daß der Exponent von $Z(rad(KG)^*)$ genau 2^{n-2} ist.

(ii) Seien p eine Primzahl mit $p > 3$, K ein Körper mit $char(K) = p$ und G eine nicht-abelsche p-Gruppe der Ordnung p^n, für die jeder abelsche Normalteiler mit höchstens zwei Elementen $\mathcal{G}$-erzeugbar sei. Nach Satz 12.4 von Seite 343 in [13] gibt es drei Klassen derartiger Gruppen:

1.Fall: G ist metazyklisch. Wegen $p \neq 2$ ist G nach Satz 10.2 auf Seite 322 in [13] eine reguläre p-Gruppe. Aus Proposition 3.2.5 erhalten wir $exp(Z(rad(KG)^*)) = exp(Z(G))$.

2.Fall: G ist das direkte Produkt mit vereinigten zentralen Untergruppen einer nicht-abelschen p-Gruppe der Ordnung p^3 und einer zyklischen Gruppe der Ordnung p^{n-2}. Aus Satz 3.3.7 und Folgerung 3.3.10 ergibt sich $exp(Z(rad(KG)^*)) = p^{n-2}$.

3.Fall: Es existieren $x, y, z \in G$, so daß $G = \langle x, y, z \rangle_\mathcal{G}$, $o(x) = o(y) = p$, $o(z) = p^{n-2}$, $y^x = yz^{sp^{n-3}}$ und $z^x = yz$ gelten. Dabei ist $n \geq 4$ und s ein quadratischer Nichtrest modulo p, was bedeutet, daß p nicht s teilt und für kein $a \in \mathbb{N}$ die Kongruenz $a^2 \equiv s \bmod p$ erfüllt ist. Es ist $(\langle y, z \rangle_\mathcal{G}, \langle x \rangle_\mathcal{G})$ eine semidirekte Zerlegung von G, und der Normalteiler $\langle y, z \rangle_\mathcal{G} = C_G(G')$ ist abelsch.

Wir bestimmen zunächst das Zentrum von G. Es gilt $Z(G) \subseteq C_G(G') = \langle y \rangle_\mathcal{G} \langle z \rangle_\mathcal{G}$. Seien $i \in \underline{p}$ und $j \in \underline{p^{n-2}}_|$. Dann ist $g := y^i z^j$ genau dann zentral, wenn dieses Element mit x vertauscht. Es gilt:
$g^x = g \iff (y^i z^j)^x = y^i z^j \iff (yz^{sp^{n-3}})^i(yz)^j = y^i z^j \iff z^{isp^{n-3}}y^j = 1$
$\iff p \mid j \wedge p^{n-2} \mid isp^{n-3} \iff p \mid j \wedge p \mid i$.
Daraus erhalten wir $Z(G) = \langle z^p \rangle_\mathcal{G}$.
Wir zeigen nun, daß für alle $g \in G \setminus Z(G)$ die Ungleichung $C_G(g) < C_G(g^p)$ gilt. Sei $g \in G \setminus Z(G)$. Dann gilt $g^p \in C_G(G')$, und g^p wird von z zentralisiert. Wir nehmen an, daß z auch g zentralisiere. Es gibt ein $k \in \underline{p-1}_|$, so daß $g \in C_G(G')x^i$ gilt. Es würde sich ergeben, daß z auch x^i und damit auch x zentralisiert, was ein Widerspruch ist.
Insgesamt ergibt sich mit Proposition 2.4.7 und mit Satz 2.4.8, daß $exp(Z(rad(KG)^*)) = p^{n-3}$ gilt.$\diamond$

3.4 Kranzprodukte

Wir erinnern zunächst an die Definition des Kranzproduktes, wofür die folgende, leicht zu zeigende Proposition von Bedeutung ist.

3.4.1 Proposition

Seien X eine Menge, H und S Gruppen, und S operiere auf X vermöge δ. Für alle $\varphi \in H^X$ und $s \in S$ sei $\varphi^s : X \longrightarrow H$, $x \mapsto (x(s^{-1}\delta))\varphi$.

(i) Für alle $s \in S$ ist die Abbildung $\tilde{s} : H^X \longrightarrow H^X$, $\varphi \mapsto \varphi^s$ ein Automorphismus von H^X.

(ii) $f : S \longrightarrow Aut(H^X)$, $s \mapsto \tilde{s}$ ist ein $\mathcal{G}$-Homomorphismus.$\diamond$

3.4.2 Definition

Seien H und S Gruppen. Es operiere S auf einer Menge X vermöge δ. Wir nennen das zu dem $\mathcal{G}$-Homomorphismus f aus Teil (ii) von Proposition 3.4.1 gebildete semidirekte Produkt von H^X und S das Kranzprodukt von S mit H zu der Operation δ. Für diese Gruppe benutzen wir die Schreibweisen $H \wr_\delta S$ und $H \wr_X S$. Wir nehmen o.B.d.A. an, daß S und für jede Teilmenge T von X die Menge H^T in $H \wr_X S$ enthalten sind.
Ist $X = S$ und δ die Rechtsmultiplikation von S auf S, so nennen wir dieses Kranzprodukt das reguläre Kranzprodukt von S mit H und benutzen dafür die Schreibweise $H \wr S$.

3.4.3 Bemerkung

Seien H, S Gruppen und X eine Menge, auf der S vermöge δ operiere. Ist H die triviale Gruppe, so ist das Zentrum von $H \wr_X S$ zu $Z(S)$ $\mathcal{G}$-isomorph.

3.4.4 Proposition

Seien H, S Gruppen, H nicht die triviale Gruppe, X eine endliche Menge, auf der S vermöge δ operiere und $B_1, \ldots, B_r$ die Bahnen von X unter S. Ist $N := \{\varphi \mid \varphi \in H^X, \forall i \in \underline{r} \exists h_i \in Z(H) : \varphi_{|B_i} \equiv h_i\}$, so gelten:

(i) N ist eine zentrale Untergruppe von $H \wr_X S$.

(ii) $Z(H \wr_X S) = N \cdot (Z(S) \cap Kern\delta)$

(iii) $Z(H \wr_X S) \cong_\mathcal{G} Z(H)^{\underline{r}} \times (Z(S) \cap Kern\delta)$

Beweis: Offenbar müssen wir nur einsehen, daß das Zentrum von $H \wr_X S$ in $N \cdot (Z(S) \cap Kern\delta)$ enthalten ist. Sei $z \in Z(H \wr_X S)$. Da (H^X, S) eine semidirekte Zerlegung von $H \wr_X S$ ist, existieren $\varphi \in Z(H^X)$ und $s \in Z(S)$, so daß $z = \varphi s$ gilt.

Wir nehmen an, daß ein $x \in X$ mit $xs^{-1} \neq x$ existiere. Für ein $h \in H \setminus \{1_H\}$ sei $\alpha : X \longrightarrow H$ durch $x \mapsto 1_H$ und $y \mapsto h$ für alle $y \in X \setminus \{x\}$ definiert. Da φ zentral in H^X ist, würde sich nun $\alpha = (\alpha)^{\varphi s} = \alpha^s$ ergeben, und damit insbesondere $1_H = x\alpha = x\alpha^s = (xs^{-1})\alpha = h$ gelten, was ein Widerspruch ist. Somit erhalten wir $s \in Z(S) \cap Kern\delta$.

Seien $i \in \underline{r}$ und $x_1, x_2 \in B_i$. Dann gibt es ein $t \in S$, so daß $x_2 = x_1 t$ gilt. Aus $\varphi = \varphi^{t^{-1}}$ ergibt sich $x_1\varphi = x_1\varphi^{t^{-1}} = (x_1 t)\varphi = x_2\varphi$, und damit gilt die Behautung.$\diamond$

3.4.5 Folgerung

Sind p eine Primzahl, H, S p-Gruppen und X eine endliche Menge, auf der S vermöge δ operiere, so gelten:

(i) $exp(Z(H \wr_X S)) = max\{exp(Z(H)), exp(Z(S) \cap Kern\delta)\}$

(ii) $exp(Z(H)) \leq exp(Z(H \wr_X S)) \leq max\{exp(Z(H)), exp(Z(S))\}$

Beweis: Die Aussage (i) folgt aus Teil (ii) von Proposition 3.4.4, die Aussage (ii) ergibt sich aus (i).$\diamond$

Die Hauptschwierigkeit unserer Untersuchung ist, die Ordnungen der Konjugiertenklassensummen zu Elementen außerhalb des Normalteilers H^X zu bestimmen. Dafür sind die nächsten beiden Lemmata von Bedeutung: es zeigt sich, dass diese Ordnungen sehr klein sind und daher für die Berechnung des Exponenten nicht weiter von Bedeutung sind.

3.4.6 Lemma

Seien p eine Primzahl, H, S p-Gruppen, und S operiere vermöge δ transitiv auf einer Menge X. Sei $s \in S$, so daß $S = \langle s \rangle_{\mathcal{G}}$ und $s \notin Kern\delta$ gelten. Dann existiert ein $\alpha \in Z(H^X)$ mit $\alpha^s \neq \alpha = \alpha^{s^p}$.

Beweis: Da S transitiv auf X operiert, können wir o.B.d.A. annehmen, daß es eine Untergruppe U von S gibt, so daß $X = S/_r U$ gilt und δ die Rechtsmultiplikation von S auf den Rechtsnebenklassen von U in S ist. Aus $s \notin Kern\delta$ folgern wir $U \subseteq \langle s^p \rangle_{\mathcal{G}}$.

Sei R ein Repräsentantensystem für die Rechtsnebenklassen von U in S, für das $\{1_S, s\} \subseteq R$ gelte, und h ein von 1_H verschiedenes Element des Zentrums von H. Wir definieren $\alpha : S/_r U \longrightarrow H$ durch $Ur \mapsto 1_H$ bzw. $Ur \mapsto h$ für alle $r \in R$ mit $r \in \langle s^p \rangle_{\mathcal{G}}$ bzw. mit $r \notin \langle s^p \rangle_{\mathcal{G}}$. Dann gilt per Definition $\alpha \in Z(H^X)$. Aus $s \notin \langle s^p \rangle_{\mathcal{G}}$ ergibt sich $(Us)\alpha = h$, und wegen $(Us)\alpha^s = (U1_S)\alpha = 1_H$ gilt $\alpha \neq \alpha^s$. Sei $r \in R \cap \langle s^p \rangle_{\mathcal{G}}$. Dann gilt per Definition $(Ur)\alpha = 1_H$. Ist $a \in R$ und gilt $Urs^{-p} = Ua$, so ergibt sich

$a \in \langle s^p \rangle_{\mathcal{G}}$ und damit $(Ur)\alpha^{s^p} = 1_H$. Sei $r \in R \setminus \langle s^p \rangle_{\mathcal{G}}$. Aus der Definition von α folgt $(Ur)\alpha = h$. Ist $a \in R$ mit $Urs^{-p} = Ua$, so erkennen wir $a \notin \langle s^p \rangle_{\mathcal{G}}$, woraus wir $(Ur)\alpha^{s^p} = h$ folgern.$\diamond$

3.4.7 Lemma

Seien p eine Primzahl, K ein Körper mit $char(K) = p$, H, S p-Gruppen, und $S = \langle s \rangle_{\mathcal{G}}$ operiere nicht-trivial vermöge δ auf einer endlichen Menge X. Dann gilt für alle $\varphi \in H^X$: $o(\overline{(\varphi\, s)^{H \wr_X S}}) = p$.

Beweis: Seien $B_1, \ldots, B_r$ die S-Bahnen von X. Offenbar ist $Fix_X(s^{-1})$ unter $\langle s \rangle_{\mathcal{G}}$ invariant. Wir können o.B.d.A. annehmen, daß es ein $t \in \underline{r}$ gibt, so daß $Fix_X(s^{-1})$ die disjunkte Vereinigung der Bahnen $B_1, \ldots, B_t$ ist. Da s nicht im Kern der Operation liegt, gilt $t < r$. Für das Kranzprodukt $H^{B_r} S$ erhalten wir, daß S transitiv auf B_r operiert. Nach Lemma 3.4.6 gibt es ein $\alpha \in Z(H^{B_r})$, das von s^p, aber nicht von s zentralisiert wird. Sei $\varphi \in H^X$. Wir zeigen, daß $(\varphi\, s)^p$, jedoch nicht $\varphi\, s$ von α zentralisiert wird. Für alle $i \in \underline{r}$ sei $\varphi_i \in H^{B_i}$, so daß $\varphi = \varphi_1 \ldots \varphi_r$ gelte. Angenommen $\varphi\, s$ werde von α zentralisiert. Dann läge wegen

$$
\begin{aligned}
(\varphi\, s)^\alpha &= \varphi\, s \Longrightarrow \\
(\varphi_1 \ldots \varphi_{r-1} \varphi_r s)^\alpha &= \varphi\, s \Longrightarrow \qquad ([H^{B_i}, H^{B_j}] = \{1_{H^X}\} \text{ für alle } i \neq j) \\
\varphi_1 \ldots \varphi_{r-1} \varphi_r^\alpha s^\alpha &= \varphi\, s \Longrightarrow \qquad (\text{nach Wahl von } \alpha) \\
s^\alpha &= s
\end{aligned}
$$

ein Widerspruch zur Wahl von α vor.

Durch eine einfache Induktion zeigt sich, daß es ein $\psi \in H^X$ gibt, für das $(\varphi\, s)^p = \psi\, s^p$ erfüllt ist. Für alle $i \in \underline{r}$ sei $\psi_i \in H^{B_i}$ mit $\psi = \psi_1 \ldots \psi_r$. Es gilt $(\psi\, s^p)^\alpha = (\psi_1 \ldots \psi_{r-1} \psi_r\, s^p)^\alpha = \psi_1 \ldots \psi_{r-1} \psi_r^\alpha (s^p)^\alpha = \psi\, (s^p)^\alpha = \psi\, s^p$. Wir haben gezeigt, daß $C_{H \wr_X S}(\varphi\, s) < C_{H \wr_X S}((\varphi\, s)^p)$ gilt, und aus Satz 2.4.8 ergibt sich die Behauptung.$\diamond$

3.4.8 Folgerung

Seien p eine Primzahl, K ein Körper mit $char(K) = p$, H, S p-Gruppen, und S operiere vermöge δ auf einer endlichen Menge X. Für alle $s \in S \setminus Kern\delta$ und $\varphi \in H^X$ gilt $o(\overline{(\varphi\, s)^{H \wr_X S}}) = p$.

Beweis: Sei $s \in S \setminus Kern\delta$ und $\varphi \in H^X$. Das Kranzprodukt $H^X \langle s \rangle_{\mathcal{G}}$ erfüllt die Voraussetzungen von Lemma 3.4.7, und mit Proposition 2.5.4 ergibt sich $o(\overline{(\varphi\, s)^{H \wr_X S}}) \leq o(\overline{(\varphi\, s)^{H \wr_X \langle s \rangle_{\mathcal{G}}}}) = p$. $\diamond$

3.4.9 Proposition

Seien p eine Primzahl, K ein Körper mit $char(K) = p$, H, S p-Gruppen, und S operiere vermöge δ auf einer endlichen Menge X. Für alle $h \in H$ sei $\alpha_h : X \longrightarrow H$, $x \mapsto h$. Es gelten folgende Aussagen:

(i) Für alle $h \in H \setminus Z(H)$ gilt $o(\overline{(\alpha_h)^{H \wr_X S}}) = o(\overline{h^H})$.

(ii) Für alle $s \in Kern\delta \setminus Z(S)$ gilt $o(\overline{s^{H \wr_X S}}) = o(\overline{s^S})$.

Beweis: ad(i): Sei $h \in H \setminus Z(H)$. Für alle $n \in \mathbb{N}$ gilt $(\alpha_h)^n = \alpha_{h^n}$ und damit auch $C_{H \wr_X S}((\alpha_h)^n) = C_H(h^n)^X S$. Aus Satz 2.4.8 ergibt sich nun die Aussage (i).

ad(ii): Sei $s \in Kern\delta \setminus Z(S)$. Für alle $n \in \mathbb{N}$ gilt $C_{H \wr_X S}(s^n) = H^X C_S(s^n)$, woraus wir mit Satz 2.4.8 die Behauptung erhalten.$\diamond$

3.4.10 Lemma

Seien p eine Primzahl, K ein Körper mit $char(K) = p$, H, S p-Gruppen, und S operiere vermöge δ auf einer endlichen Menge X. Seien $\varphi \in H^X$ und $s \in Kern\delta$, so daß φs nicht zentral in $H \wr_X S$ ist. Es gelten folgende Aussagen:

(i) Ist φ zentral in $H \wr_X S$, so gelten $s \in Kern\delta \setminus Z(S)$ und $o(\overline{(\varphi s)^{H \wr_X S}}) \leq o(\overline{s^S})$.

(ii) Ist $\varphi \notin Z(H^X)$, so gilt $o(\overline{(\varphi s)^{H \wr_X S}}) \leq o(\overline{\varphi^{H^X}})$ und damit insbesondere $o(\overline{(\varphi s)^{H \wr_X S}}) \leq exp(Z(rad(KH)^*))$.

(iii) Aus $\varphi \in Z(H^X) \setminus Z(H \wr_X S)$ und $s \in Z(S)$ folgt $o(\overline{(\varphi s)^{H \wr_X S}}) \leq o(\varphi)$. Insbesondere gilt $o(\overline{(\varphi s)^{H \wr_X S}}) \leq exp(Z(H))$.

(iv) Aus $\varphi \in Z(H^X) \setminus Z(H \wr_X S)$ und $s \notin Z(S)$ folgt $o(\overline{(\varphi s)^{H \wr_X S}}) \leq max\{o(\varphi), o(\overline{s^S})\}$. Insbesondere gilt $o(\overline{(\varphi s)^{H \wr_X S}}) \leq max\{exp(Z(H)), o(\overline{s^S})\}$.

Beweis: ad(i): Wäre s zentral in S, so würde sich wegen $s \in Kern\delta$ ergeben, daß s und damit auch φs zentral in $H \wr_X S$ ist. Also gilt $s \in Kern\delta \setminus Z(S)$. Sei $r \in \mathbb{N}$ mit $o(\overline{s^S}) = p^r$. Aus Satz 2.4.8 erhalten wir die Existenz eines Elementes a aus $C_S(s^{p^r}) \setminus C_S(s)$. Da φ zentral in $H \wr_X S$ ist, gilt $(\varphi s)^a = \varphi s^a$, und damit wird a von φs nicht zentralisiert. Ferner gilt:

$$((\varphi s)^{p^r})^a \qquad\qquad (\varphi \text{ ist zentral})$$
$$= ((\varphi)^{p^r}(s^{p^r}))^a \qquad\qquad (\varphi \text{ ist zentral})$$
$$= (\varphi)^{p^r}(s^{p^r})^a \qquad\qquad (\text{nach Wahl von } a)$$

$$= (\varphi)^{p^r} s^{p^r} \qquad\qquad\qquad (\varphi \text{ ist zentral})$$
$$= (\varphi\, s)^{p^r}.$$

Also wird $(\varphi\, s)^{p^r}$ von a zentralisiert, und mit Satz 2.4.8 folgt (i).

ad(ii): Sei $r \in \mathbb{N}$, so daß $o(\overline{\varphi^{H^X}}) = p^r$ gilt. Nach Satz 2.4.8 existiert ein $\alpha \in C_{H^X}(\varphi^{p^r}) \setminus C_{H^X}(\varphi)$. Da s im Kern von δ liegt, gilt $(\varphi\, s)^\alpha = \varphi^\alpha\, s \neq \varphi\, s$. Also wird $\varphi\, s$ von α nicht zentralisiert. Weiter gilt:

$$((\varphi\, s)^{p^r})^\alpha \qquad\qquad\qquad (s \in Kern\delta)$$
$$= (\varphi^{p^r} s^{p^r})^\alpha \qquad\qquad\qquad (\text{nach Wahl von } \alpha)$$
$$= \varphi^{p^r} (s^{p^r})^\alpha \qquad\qquad\qquad (s^{p^r} \in Kern\delta)$$
$$= \varphi^{p^r} s^{p^r} \qquad\qquad\qquad (s \in Kern\delta)$$
$$= (\varphi\, s)^{p^r}.$$

Somit wird $(\varphi\, s)^{p^r}$ von α zentralisiert, und aus Satz 2.4.8 ergibt sich der erste Teil von (ii). Der Zusatz folgt aus Teil (iii) von Lemma 3.3.6.

ad(iii): Sei $r \in \mathbb{N}$ mit $o(\varphi) = p^r$. Wegen $\varphi \in Z(H^X)$ gilt $p^r \leq exp(Z(H))$. Da s in $Kern\delta$ liegt, gilt $(\varphi\, s)^{p^r} = \varphi^{p^r} s^{p^r} = s^{p^r}$. Da das Element s^{p^r} nach Voraussetzung zentral in $H \wr_X S$ ist, folgt die Aussage (iii) aus Satz 2.4.8.

ad(iv): Sei $r \in \mathbb{N}$ mit $p^r = max\{o(\varphi), o(\overline{s^S})\}$. Offenbar gilt $p^r \leq max\{exp(Z(H)), o(\overline{s^S})\}$. Da s im Kern der Operation liegt, gilt $(\varphi\, s)^{p^r} = \varphi^{p^r} s^{p^r} = s^{p^r}$. Wegen des Satzes 2.4.8 gibt es ein $a \in C_S(s^{p^r}) \setminus C_S(s)$. Offensichtlich wird $(\varphi\, s)^{p^r}$ von a zentralisiert. Würde a auch $\varphi\, s$ zentralisieren, so ergäbe sich $\varphi\, s = \varphi^a s^a$. Weil (H^X, S) eine semidirekte Zerlegung von $H \wr_X S$ ist, würde insbesondere folgen, daß s von a zentralisiert wird. Aus diesem Widerspruch ergibt sich mit Satz 2.4.8 die Behauptung.◇

Fassen wir die bisherigen Untersuchungen zum Kranzprodukt zusammen, so erhalten wir das folgende Hauptergebnis dieses Abschnittes:

3.4.11 Satz

Seien p eine Primzahl, K ein Körper mit $char(K) = p$, H, S p-Gruppen, und S operiere vermöge δ auf einer endlichen Menge X. Sei $m := max\{o(\overline{s^S}) \mid s \in Kern\delta \setminus Z(S)\}$. Der Exponent des Zentrums von $rad(K(H \wr_X S))^*$ ist $max\{exp(Z(rad(KH)^*)), exp(Z(S) \cap Kern\delta), m\}$.

Beweis: Nach Proposition 2.4.7 sind der Exponent des Zentrums sowie das Maximum der Ordnungen der Konjugiertenklassensummen von $H \wr_X S$ zu berechnen. Den Exponenten des Zentrums von $H \wr_X S$ haben wir in Proposition 3.4.4 bestimmt, die Ordnungen gewisser Konjugierten-klassensummen in Folgerung 3.4.8 und in Proposition 3.4.9 berechnet sowie die fehlenden Ordnungen der Konjugiertenklassensummen in Lemma 3.4.10 abgeschätzt.◇

3.4.12 Folgerung

Seien p eine Primzahl, K ein Körper mit $char(K) = p$, H, S p-Gruppen, U eine Untergruppe von S, und S operiere vermöge Rechtsmultiplikation auf $S/_r U$. Sei $m := max\{o(\overline{s^S}) \mid s \in core_S(U) \setminus Z(S)\}$. Der Exponent des Zentrums von $rad(K(H \wr_{S/_r U} S))^*$ ist $max\{exp(Z(rad(KH)^*)), exp(Z(S) \cap core_S(U)), m\}$.

Beweis: Der Kern der Operation von S auf $S/_r U$ ist das Herz von U in S. Daher ergibt sich diese Folgerung aus Satz 3.4.11.◇

3.4.13 Folgerung

Seien p eine Primzahl, K ein Körper mit $char(K) = p$, H, S p-Gruppen, und S operiere vermöge δ auf einer endlichen Menge X treu. Es gilt $exp(Z(rad(K(H \wr_X S))^*)) = exp(Z(rad(KH)^*))$.

Beweis: Nach Definition der treuen Operation gilt $Kern\delta = \{1_S\}$. Die Behauptung ergibt sich damit direkt aus Satz 3.4.11.◇

3.4.14 Folgerung

Seien p eine Primzahl, K ein Körper mit $char(K) = p$ und H, S p-Gruppen. Es gilt $exp(Z(rad(K(H \wr S))^*)) = exp(Z(rad(KH)^*))$.

Beweis: Die Behauptung ergibt sich direkt aus Folgerung 3.4.13.◇

3.4.15 Beispiele

(i) Seien p eine Primzahl, K ein Körper mit $char(K) = p$ und $n \in \mathbb{N}$. Nach Folgerung 3.4.14 gilt $exp(Z(rad(K(Z_{p^n} \wr Z_p))^*)) = p^n$. Auf diese Weise können wir Exponenten beliebiger Größe konstruieren.

(ii) Seien p eine Primzahl, K ein Körper mit $char(K) = p$ und G eine p-Gruppe. Dann ist $Z(rad(K(Z_p \wr G))^*)$ nach Folgerung 3.4.14 elementar-abelsch.

(iii) Seien p eine Primzahl, K ein Körper mit $char(K) = p$, $n \in \mathbb{N}$, so daß p ein Teiler von $n!$ ist, und P eine p-Sylow-Untergruppe von S_n.

Stellen wir n p-adisch dar, etwa $n = \sum\limits_{i=0}^{r} a_i p^i$, und ist für jedes $i \in \underline{r}$ die Gruppe P_i eine p-Sylow-Untergruppe von S_{p^i}, so können wir den Seiten 176 und 177 in [21] entnehmen, daß $P \cong_{\mathcal{G}} P_1^{\underline{a_1}} \times \cdots \times P_r^{\underline{a_r}}$ gilt. Nach einem Satz von Kaloujnine gibt es zu jedem $i \in \underline{r}$ ein $n_i \in \mathbb{N}$, so daß $P_i \cong_{\mathcal{G}} \underbrace{Z_p \wr \cdots \wr Z_p}_{n_i - mal}$ gilt. Die Folgerungen 3.4.14 und 3.3.8 zeigen uns, daß $Z(rad(KP)^*)$ elementar-abelsch ist.

(iv) Sei K ein endlicher Körper, $q := |\ K\ |$ und p eine Primzahl, für die $ggT(p,2) = ggT(p,q)$ gelte. Seien $e := min\{n \in \mathbb{N} \mid p \mid q^e - 1\}$ und $x, r \in \mathbb{N}$, so daß $q^e - 1 = p^r x$ und $ggT(p,x) = 1$ gelten. Ist P eine p-Sylow-Untergruppe von

$GL(n,q)$ (lineare Gruppe),
$C(2m,q)$ (symplektische Gruppe),
$U(n,q^2)$ (unitäre Gruppe) oder von
$O_D(n,q)$ (orthogonale Gruppe),

so gibt es nach [29] ein $n \in \mathbb{N}$ mit $P \cong_{\mathcal{G}} Z_{p^r} \wr \underbrace{Z_p \wr \cdots \wr Z_p}_{n - mal}$.

Nach Folgerung 3.4.14 ist der Exponent von $Z(rad(KP)^*)$ genau p^r.$\diamond$

3.4.16   Folgerung

Seien p eine Primzahl, K ein Körper mit $char(K) = p$ und H, S p-Gruppen. Dann gelten folgende Aussagen:

(i) S operiere vermöge Konjugation auf S. Dann ist der Exponent des Zentrums von $rad(K(H \wr_S S))^*$ genau $max\{exp(Z(rad(KH)^*)), exp(Z(S))\}$.

(ii) Sei $s \in S$, und S operiere per Konjugation auf s^S. Definieren wir $m := max\{o(\overline{s^S}) \mid s \in core_S(C_S(s)) \setminus Z(S)\}$, so ist der Exponent des Zentrums von $rad(K(H \wr_{s^S} S))^*$ genau $max\{exp(Z(rad(KH)^*)), exp(Z(S)), m\}$.

Beweis: Der Kern der Operation von S auf S bzw. der von S auf s^S vermöge Konjugation ist $Z(S)$ bzw. $core_S(C_S(s))$. Aus Satz 3.4.11 erhalten wir die Behauptung.$\diamond$

3.4.17   Bemerkung

Seien p eine Primzahl, K ein Körper mit $char(K) = p$ und H, S p-Gruppen. S operiere trivial auf einer endlichen Menge X. Dann ist $H \wr_X S$ zu $H^X \times S$

$\mathcal{G}$-isomorph, und nach Folgerung 3.3.8 ist der Exponent des Zentrums von $rad(H \wr_X S)^*$ genau $max\{exp(Z(rad(KH)^*)), exp(Z(rad(KS)^*))\}$.

Zu diesem Ergebnis können wir auch mit Hilfe von Satz 3.4.11 gelangen, da der Kern der trivialen Operation S ist. Allerdings haben wir in dem Beweis von 3.4.11 bereits die Aussage von Folgerung 3.3.8 benutzt.$\diamond$

3.4.18 Folgerung

indexExponent des Zentrum des Radikals!Kranzprodukt-Abschätzung Seien p eine Primzahl, K ein Körper mit $char(K) = p$ und H, S p-Gruppen. Operiert S auf einer endlichen Menge X, so gelten:

(i) $exp(Z(rad(KH)^*)) \leq exp(Z(rad(K(H \wr_X S))^*))$

(ii) $exp(Z(rad(K(H \wr_X S))^*)) \leq max\{exp(Z(rad(KH)^*)), exp(Z(rad(KS)^*))\}$

(iii) Für $exp(Z(rad(KH)^*)) \geq exp(Z(rad(KS)^*))$ gilt
$exp(Z(rad(K(H \wr_X S))^*)) = exp(Z(rad(KH)^*))$.

(iv) Sind $B_1, \ldots, B_r$ die Bahnen von X unter S, so gilt
$exp(Z(rad(K(H \wr_X S))^*)) \leq min\{exp(Z(rad(K(H \wr_{B_i} S))^*)) \mid i \in \underline{r}\}$.

Beweis: Alle Aussagen ergeben sich direkt aus Satz 3.4.11.$\diamond$

3.4.19 Anmerkung

(i) Die untere bzw. die obere Schranke in Teil (i) bzw. in Teil (ii) von Folgerung 3.4.18 wird zum Beispiel bei treuer bzw. bei trivialer Operation angenommen (siehe Folgerung 3.4.13 und Bemerkung 3.4.17). Die folgenden zwei Beispiele zeigen uns, daß dies auch bei anderen Operationen möglich ist:

(ii) Sei U die Untergruppe der Ordnung 2 in Z_8. Z_8 operiert per Rechtsmultiplikation auf $Z_8/_r U$, und wir betrachten das Kranzprodukt $Z_2 \wr_{Z_8/_r U} Z_8$. Als untere bzw. obere Schranke erhalten wir 2 bzw. 8, und der genaue Wert ist nach Folgerung 3.4.12 die Zahl 2.

(iii) Sei $n \in \mathbb{N}_{\geq 4}$ und D_{2^n} die Diedergruppe der Ordnung 2^n, die von h, a $\mathcal{G}$-erzeugt werde. Dabei sei $o(h) = 2^{n-1}$, $o(a) = 2$ und $h^a = h^{-1}$. D_{2^n} operiert per Rechtsmultiplikation auf $D_{2^n}/_r \langle h \rangle_{\mathcal{G}}$.
Wir betrachten das Kranzprodukt $Z_2 \wr_{D_{2^n}/_r \langle h \rangle} D_{2^n}$. Als untere Schranke erhalten wir den Wert 2, und als obere Schranke nach den Beispielen 3.1.2 die Zahl 2^{n-2}, welche nach Folgerung 3.4.12 auch der genau Wert ist.

(iv) Sei U die Untergruppe der Ordnung 4 in Z_8. Z_8 operiert per Rechtsmultiplikation auf $Z_8/_r U$, und wir betrachten das Kranzprodukt

$Z_2 \wr_{Z_8/_r U} Z_8$. Als untere bzw. obere Schranke erhalten wir 2 bzw. 8. Der genaue Wert ist nach Folgerung 3.4.12 die Zahl 4.◇

3.5 Andere Erweiterungen

Wir skizzieren zunächst die Erweiterungstheorie von O. Schreier.[1]

3.5.1 Satz

Seien H, N Gruppen sowie $N(\cdot; \cdot) : H \times H \longrightarrow N$ und $\alpha : H \longrightarrow Aut(N)$ Abbildungen mit den folgenden Eigenschaften:

(a) $\forall h_1, h_2, h_3 \in H : N(h_1 h_2; h_3) N(h_2; h_3) = N(h_1 h_2; h_3)(N(h_1; h_2)\alpha(h_3))$

(b) $\forall n \in N, h_1, h_2 \in H : n(\alpha(h_1)\alpha(h_2)) = (n\alpha(h_1 h_2))^{N(h_1; h_2)}$

(c) $\forall h \in H : N(h; 1_H) = 1_N = N(1_H; h)$.

Definieren wir für alle $h_1, h_2 \in H, n_1, n_2 \in N$
$(h_1; n_1) \cdot_{\alpha, N(\cdot; \cdot)} (h_2; n_2) := (h_1 h_2; N(h_1; h_2)(n_1 \alpha(h_2)) n_2)$, so gelten:

(i) $(H \times N; \cdot_{\alpha, N(\cdot; \cdot)})$ ist eine Gruppe.

---

[1] Otto Schreier (geboren am 3. März 1901 in Wien; gestorben am 2. Juni 1929 in Hamburg) war ein österreichischer Mathematiker, der sich mit kombinatorischer Gruppentheorie beschäftigte und u. a. mit dem Satz von Nielsen-Schreier bekannt wurde. Schreier studierte ab 1920 an der Universität Wien bei Wilhelm Wirtinger, Philipp Furtwängler, Hans Hahn, Kurt Reidemeister, Leopold Vietoris, Josef Lense. 1923 wurde er bei Furtwängler promoviert (Über die Erweiterung von Gruppen). 1926 habilitierte er sich bei Emil Artin an der Universität Hamburg (Die Untergruppen der freien Gruppe. Abhandlungen des Mathematischen Seminars der Universität Hamburg, Band 5, 1927, Seiten 172 bis 179), wo er auch schon vor seiner Habilitation Vorlesungen hielt. 1928 wurde er Professor an der Universität Rostock. Er hielt im Wintersemester gleichzeitig Vorlesungen in Hamburg und Rostock, erkrankte aber im Dezember 1928 schwer an einer Sepsis, an der er ein halbes Jahr später starb. Schreier kam zur Gruppentheorie durch Kurt Reidemeister und untersuchte zuerst 1924 Knotengruppen im Anschluss an Arbeiten von Max Dehn. Seine bekannteste Arbeit ist seine Habilitationsschrift über die Untergruppen freier Gruppen, in der er Ergebnisse von Reidemeister über die normalen Untergruppen verallgemeinert. Er bewies, dass die Untergruppen freier Gruppen selbst frei sind, einen Satz von Jakob Nielsen (1921) verallgemeinernd (Satz von Nielsen-Schreier). 1927 zeigte er, dass die topologische Fundamentalgruppe der klassischen Liegruppen abelsch ist. 1928 verbesserte er den Satz von Jordan-Hölder (Über den Jordan-Hölderschen Satz. Abhandlungen Mathem. Seminar Universität Hamburg, Bd.6, 1930, Seiten 300 bis 302). Mit Emil Artin bewies er den Satz von Artin-Schreier zur Charakterisierung abgeschlossener reeller Körper (Algebraische Konstruktion reeller Körper. Abhandlungen Mathem. Seminar Hamburg, Band 5, 1927). Die Schreier-Vermutung der Gruppentheorie besagt, dass die Gruppe der äußeren Automorphismen jeder endlichen einfachen Gruppe auflösbar ist (die Vermutung folgt aus dem Klassifikationstheorem der endlichen einfachen Gruppen, das nach allgemeiner Überzeugung bewiesen ist). Emanuel Sperner wurde bei ihm 1928 in Hamburg promoviert. Mit ihm schrieb er ein damals im deutschsprachigen Raum bekanntes einführendes Lehrbuch der Linearen Algebra.

(ii) Die Menge $\{(1_H; n) \mid n \in N\}$ ist ein zu N $\mathcal{G}$-isomorpher Normalteiler von $(H \times N; \cdot_{\alpha, N(\cdot;\cdot)})$, dessen Faktorgruppe zu H $\mathcal{G}$-isomorph ist.

(iii) $(1_H; 1_N)$ ist das neutrale Element in $(H \times N; \cdot_{\alpha, N(\cdot;\cdot)})$.

(iv) Für alle $h \in H, n \in N$ gilt $(h; n)^{-1} = (h^{-1}; (N(h^{-1}; h) n^{-1}) \alpha(h)^{-1})$.

(v) $\alpha(1_H) = id_N$

(vi) Ist N abelsch, so kann (b) durch die Bedingung
(b') α ist ein $\mathcal{G}$-Homomorphismus
ersetzt werden.

Beweis: Dieser Satz folgt aus Satz 14.2 von Seite 87 in [13].⋄

3.5.2 Definition

Seien H, N Gruppen sowie $N(\cdot; \cdot) : H \times H \longrightarrow N$ und $\alpha : H \longrightarrow Aut(N)$ Abbildungen, die die Eigenschaften (a) bis (c) von Satz 3.5.1 erfüllen. Die Gruppe $(H \times N; \cdot_{\alpha, N(\cdot;\cdot)})$ nennen wir die Erweiterung von H und N zu dem Faktorensystem $N(\cdot; \cdot)$ und den Automorphismen $\alpha(h), h \in H$.⋄

3.5.3 Satz

Seien G eine Gruppe, N ein Normalteiler von G und R ein Repräsentantensystem von N in G, welches das Element 1_G enthalte. Für alle $r, s \in R$ sei $N_R(r; s)$ bzw. $t_{r,s}$ das Element von N bzw. von R, so daß $rs = t_{r,s} N_R(r; s)$ gilt. Sei $N_R(\cdot; \cdot) : G/N \times G/N \longrightarrow N$ definiert durch $(rN; sN) \mapsto N_R(r; s)$ sowie $\alpha_R : G/N \longrightarrow Aut(N)$ definiert durch $rN \mapsto (r\kappa)_{|N}$ für alle $r, s \in R$. Diese Abbildungen erfüllen die Bedingungen (a) bis (c) von Satz 3.5.1.

Beweis: Dieser Satz folgt aus Satz 14.1 auf Seite 86 in [13].⋄

Ein entscheidender Zusammenhang zwischen den Sätzen 3.5.1 und 3.5.3 ist, daß sämtliche Erweiterungen zweier Gruppen bereits durch die speziellen, in Satz 3.5.3 konstruierten, gegeben sind:

3.5.4 Proposition

Seien G eine Gruppe, N ein Normalteiler von G und R ein Repräsentantensystem von N in G, welches das Element 1_G enthalte. Es gilt $G \cong_{\mathcal{G}} (G/N \times N; \cdot_{\alpha_R, N_R(\cdot;\cdot)})$.

Beweis: Wir definieren $\Phi : G/N \times N \longrightarrow G$ durch $(rN; n) \mapsto rn$ für alle $r \in R$ und $n \in N$. Da R ein Repräsentantensystem für N in G ist, erhalten wir die Bijektivität von Φ. Seien $r, s \in R$ und $n, m \in N$. Aus

$rs = t_{r,s}N_R(r;s)$ ergibt sich $((rN;n)\cdot_{\alpha_R,N_R(\cdot;\cdot)}(sN;m))\Phi = t_{r,s}N_R(r;s)n^s m$. Zudem gelten per Definition $(rN;n)\Phi = rn$ und $(sN;m)\Phi = sm$. Aus $rnsm = t_{r,s}N_R(r;s)n^s m \Longleftrightarrow rns = t_{r,s}N_R(r;s)s^{-1}ns \Longleftrightarrow rs = t_{r,s}N_R(r;s)$ folgt nun die Behauptung.$\diamond$

Unter gewissen Bedingungen, die wir an zwei Erweiterungen E und $\hat{E}$ stellen, können wir einsehen, daß die Exponenten von $Z(rad(KE)^*)$ und von $Z(rad(K\hat{E})^*)$ identisch sind. Dazu benötigen wir das folgende Lemma:

3.5.5 Lemma

Seien H, N und $\hat{H}, \hat{N}$ Gruppen mit Faktorensystemen $N(\cdot;\cdot)$ und $\hat{N}(\cdot;\cdot)$ sowie Automorphismen $\alpha(h), h \in H$ und $\hat{\alpha}(\hat{h}), \hat{h} \in \hat{H}$. Seien $\varphi : N \longrightarrow \hat{N}$ und $\psi : H \longrightarrow \hat{H}$ $\mathcal{G}$-Isomorphismen sowie $\phi : Aut(N) \longrightarrow Aut(\hat{N})$, $\beta \mapsto \beta^\varphi$. Es seien die folgenden Bedingungen erfüllt:

(i) $\psi\hat{\alpha} = \alpha\phi$
   (Das bedeutet, daß die Operationen von H auf N und von $\hat{H}$ auf $\hat{N}$ äquivalent sind.)

(ii) $N(\cdot;\cdot)$ und $\hat{N}(\cdot;\cdot)$ sind symmetrisch.
   (Das ist insbesondere erfüllt, wenn N und $\hat{N}$ abelsch sind.)

(iii) Für alle $x \in Bild\, N(\cdot;\cdot)$ bzw. $\hat{x} \in Bild\, \hat{N}(\cdot;\cdot)$ und alle $h \in H$ bzw. $\hat{h} \in \hat{H}$ gilt $x\alpha(h) = x$ bzw. $\hat{x}\hat{\alpha}(\hat{h}) = \hat{x}$.

Seien $h \in H$, $n \in N$ und $s \in \mathbb{N}$. Der Zentralisator von $(h;n)^s$ in $(H \times N;\cdot_{\alpha,N(\cdot;\cdot)})$ besitzt dieselbe Kardinalität wie der entsprechende von $(h\psi;n\varphi)^s$ in $(\hat{H} \times \hat{N};\cdot_{\hat{\alpha},\hat{N}(\cdot;\cdot)})$.

Beweis: Eine leichte Induktion nach s zeigt uns

(1) $(h;n)^s = (h^s; N(h;h^{s-1})(n\alpha(h^{s-1}))\ldots N(h;h)(n\alpha(h))n)$.

Sei $(h_1;n_1) \in H \times N$. Dieses Element zentralisiert $(h;n)^s$ wegen (ii) und (iii) genau dann, wenn $h_1 h = h h_1$ und

(2) $(n_1\alpha(h^s))(n\alpha(h^{s-1}))\ldots(n\alpha(h))n = ((n\alpha(h^{s-1}))\ldots(n\alpha(h))n)\alpha(h_1)\,n_1$

gelten. Für alle $i \in \underline{s}$ gilt wegen (i)

(3) $(n\varphi)(\hat{\alpha}(h^i\psi)) = (n\alpha(h^i))\varphi$.

Mit (1) und (3) erhalten wir

(4) $(h\psi; n\varphi)^s = (h^s\psi; \hat{N}(h\psi; h\psi^{s-1})(n\alpha(h^{s-1}))\varphi \ldots \hat{N}(h\psi; h\psi)(n\alpha(h))\varphi\, n\varphi)$.

Mit (2), (4), (ii) und (iii) ergibt sich, daß $(h_1\psi; n_1\varphi)$ genau dann $(h\psi; n\varphi)^s$ zentralisiert, wenn $(h_1; n_1)$ das Element $(h; n)^s$ zentralisiert. Da die Abbildung $H \times N \longrightarrow \hat{H} \times \hat{N}$, $(a; b) \mapsto (a\psi; b\varphi)$ eine Bijektion ist, folgt die Behauptung.◇

3.5.6 Satz

Seien p eine Primzahl, K ein Körper mit $char(K) = p$, $G, \hat{G}$ p-Gruppen, N bzw. $\hat{N}$ ein Normalteiler von G bzw. von $\hat{G}$ und R bzw. $\hat{R}$ ein Repräsentantensytem für N in G bzw. für $\hat{N}$ in $\hat{G}$ mit $1_G \in R$ bzw. mit $1_{\hat{G}} \in \hat{R}$. Seien $\varphi : N \longrightarrow \hat{N}$ und $\psi : G/N \longrightarrow \hat{G}/\hat{N}$ $\mathcal{G}$-Isomorphismen sowie $\phi : Aut(N) \longrightarrow Aut(\hat{N})$, $\beta \mapsto \beta^\varphi$. Für die Abbildungen $N_R(\cdot; \cdot)$, $N_{\hat{R}}(\cdot; \cdot)$, α_R und $\alpha_{\hat{R}}$ seien die folgenden Bedingungen erfüllt:

(i) $\psi\alpha_{\hat{R}} = \alpha_R\phi$

(ii) $N_R(\cdot; \cdot)$ und $N_{\hat{R}}(\cdot; \cdot)$ sind symmetrisch.

(iii) Für alle $x \in Bild\, N_R(\cdot; \cdot)$ bzw. $\hat{x} \in Bild\, \hat{N}R(\cdot; \cdot)$ und alle $r \in R$ bzw. $\hat{r} \in \hat{R}$ gilt $x^r = x$ bzw. $\hat{x}^{\hat{r}} = \hat{x}$.
(Das ist insbesondere erfüllt, wenn $Bild\, N_R(\cdot; \cdot) \subseteq Z(G)$ und $Bild\, N_{\hat{R}}(\cdot; \cdot) \subseteq Z(\hat{G})$ gelten.)

Dann stimmen die Maxima der Mengen $\{o(\overline{g^G}) \mid g \in G \setminus Z(G)\}$ und $\{o(\overline{\hat{g}^{\hat{G}}}) \mid \hat{g} \in \hat{G} \setminus Z(\hat{G})\}$ überein. Sind zudem die Zentren von G und $\hat{G}$ zyklisch, so sind die Exponenten von $Z(rad(KG)^*)$ und $Z(rad(K\hat{G})^*)$ identisch.

Beweis: Der erste Teil der Behauptung folgt aus Satz 2.4.8, aus Proposition 3.5.4 und aus Lemma 3.5.5. Nach Lemma 3.5.5 besitzen die Zentren von G und $\hat{G}$ die gleiche Mächtigkeit. Daher sind sie – falls zyklisch – $\mathcal{G}$-isomorph. Aus Proposition 2.4.7 erhalten wir die Behauptung.◇

3.5.7 Beispiel

Seien K ein Körper mit $char(K) = 2$ und $n \in \mathbb{N}_{\geq 3}$.
Sei $G := D_{2^n}$ die Diedergruppe der Ordnung 2^n, und seien $h, a \in G$, so daß $G = \langle h, a \rangle_{\mathcal{G}}$, $o(h) = 2^{n-1}$, $o(a) = 2$ und $h^a = h^{-1}$ gelten.
Sei $\hat{G} := Q_{2^n}$ die Quaternionengruppe der Ordnung 2^n, und seien $x, y \in \hat{G}$, so daß $\hat{G} = \langle x, y \rangle_{\mathcal{G}}$, $o(y) = 2^{n-1}$, $x^2 = y^{2^{n-2}}$ und $y^x = y^{-1}$ gelten.
In den Beispielen 3.1.2 hatten wir bewiesen, daß $exp(Z(rad(KD_{2^n})^*)) = exp(Z(rad(KQ_{2^n})^*)) (= 2^{n-2})$ gilt.
Sei $N := \langle h \rangle_{\mathcal{G}}$ und $\hat{N} := \langle y \rangle_{\mathcal{G}}$. Dann ist $R := \{1_G, a\}$ bzw. $\hat{R} := \{1_{\hat{G}}, y\}$ ein

Repräsentantensystem für N in G bzw. für $\hat{N}$ in $\hat{G}$.

Sei $\varphi : N \longrightarrow \hat{N}$ definiert durch $a^i \mapsto y^i$ für alle $i \in \underline{2^{n-1}}$
und $\psi : G/N \longrightarrow \hat{G}/\hat{N}$ definiert durch $N \mapsto \hat{N}$ und $aN \mapsto y\hat{N}$. Dann sind
φ und ψ $\mathcal{G}$-Isomorphismen.

Offenbar sind die Bedingungen (i) und (ii) sowie der Zusatz von Satz 3.5.6
erfüllt. Wir zeigen, daß auch Bedingung (iii) dieses Satz wahr ist, denn für
die Faktorensysteme gilt:
$$N_R(1_G; 1_G) = N_R(1_G; a) = N_R(a; 1_G) = N_R(a; a) = 1_G \in Z(G),$$
$$N_{\hat{R}}(1_{\hat{G}}; 1_{\hat{G}}) = N_{\hat{R}}(1_{\hat{G}}; y) = N_{\hat{R}}(y; 1_{\hat{G}}) = 1_{\hat{G}} \in Z(\hat{G}) \text{ und}$$
$$N_{\hat{R}}(y; y) = y^2 \in Z(\hat{G}).\diamond$$

3.6 Anmerkungen zu den Abschätzungen in 2.5

3.6.1 Beispiel zu Bemerkung 2.5.6

Seien p eine Primzahl, K ein Körper mit $char(K) = p$, $n \in \mathbb{N}_{\geq 4}$ und
$G = \langle h, a \rangle_{\mathcal{G}}$ eine p-Gruppe, so daß $o(h) = p^n$, $o(a) = p$, $|\, G \,| = p^{n+1}$ und
$h^a = h^{1+p^{n-1}}$ gelten. Wegen $(h^p)^a = (h^a)^p = (h^{1+p^{n-1}})^p = h^p$ erhalten wir
$Z(G) = \langle h^p \rangle_{\mathcal{G}}$. Mit Satz 2.4.8 ergibt sich $o(\overline{h^G}) = p < p^2$, und zudem ist G
die einzige Untergruppe von G, in der h nicht zentral ist.$\diamond$

3.6.2 Beispiel zu Bemerkung 2.5.8

Seien K ein Körper mit $|\, K \,| = 2$ und $G := 1_{K^{n \times n}} + su(4, K)$. Wegen
der Folgerung 3.2.2.5 ist das Zentrum von $rad(KG)^*$ elementar-abelsch.
Im Folgenden zeigen wir, daß $x, y \in G$ existieren, so daß $[x^2, y] = 1_G$ und
$[x, y^2] \neq 1_G$ gelten.

Es seien $x := \begin{pmatrix} 1_K & 0_K & 0_K & 0_K \\ 1_K & 1_K & 0_K & 0_K \\ 0_K & 0_K & 1_K & 0_K \\ 0_K & 0_K & 0_K & 1_K \end{pmatrix}$ und $y := \begin{pmatrix} 1_K & 0_K & 0_K & 0_K \\ 0_K & 1_K & 0_K & 0_K \\ 0_K & 1_K & 1_K & 0_K \\ 0_K & 0_K & 1_K & 1_K \end{pmatrix}$.

Dann gelten $x^2 = 1_G$ und $y^2 = \begin{pmatrix} 1_K & 0_K & 0_K & 0_K \\ 0_K & 1_K & 0_K & 0_K \\ 0_K & 0_K & 1_K & 0_K \\ 0_K & 1_K & 1_K & 1_K \end{pmatrix}$.

Offenbar ist also $[x^2, y] = 1_G$ erfüllt, und wegen

$$y^2 x = \begin{pmatrix} 1_K & 0_K & 0_K & 0_K \\ 1_K & 1_K & 0_K & 0_K \\ 0_K & 0_K & 1_K & 0_K \\ 1_K & 1_K & 1_K & 1_K \end{pmatrix} \text{ und } xy^2 = \begin{pmatrix} 1_K & 0_K & 0_K & 0_K \\ 1_K & 1_K & 0_K & 0_K \\ 0_K & 0_K & 1_K & 0_K \\ 0_K & 1_K & 1_K & 1_K \end{pmatrix}$$

erhalten wir $[y^2, x] \neq 1_G$. Es sei angemerkt, daß für alle $x \in G$ die

Gleichung $x^4 = 1_G$ gilt. Das minimale $n \in \mathbb{N}$ mit der Eigenschaft, daß für alle $x, y \in G$ genau dann x^{2^n} mit y, wenn x mit y^{2^n} kommutiert, ist also 2 und nicht 1.⋄

3.6.3 Beispiele zu Bemerkung 2.5.14

(1) Seien K ein Körper mit $char(K) = 2$, $n \in \mathbb{N}_{\geq 4}$ und G die Diedergruppe der Ordnung 2^n. Dann gibt es $a, b \in G$, so daß $G = \langle a, b \rangle_{\mathcal{G}}$, $o(a) = 2^{n-1}$, $o(b) = 2$ und $a^b = a^{-1}$ gelten. Bekanntlich ist $\langle a^{(2^{n-2})} \rangle_{\mathcal{G}}$ das Zentrum und $\langle a^2 \rangle_{\mathcal{G}}$ die Ableitung von G.

(i) Mit Hilfe der Beispiele 3.1.2 erhalten wir $exp(Z(rad(KG)^*)) = 2^{n-2}$, $2^{n-2} = 2^{n-3} \cdot 2 = exp(Z(rad(K(G/Z(G)))^*)) \cdot exp(rad(KZ(G))^*)$ und $2^{n-1} = 2^{n-1} \cdot 2 = exp(rad(KG^{'})^*) \cdot exp(rad(K(G/G^{'}))^*)$.

(ii) Es gelten $exp(Z(rad(KZ(G))^*)) = 2 < 2^{n-2}$, $exp(Z(rad(KG^{'})^*)) = 2^{n-2}$ und $exp(Z(rad(K\langle h \rangle_{\mathcal{G}})^*)) = 2^{n-1} > 2^{n-2}$.

(iii) Mit Folgerung 3.3.8 erhalten wir $exp(Z(rad(K(G \times G))^*)) = 2^{n-2} = exp(Z(rad(K((G \times G)/(G \times \{1_G\})))^*))$ und $exp(Z(rad(K(G/Z(G)))^*)) = 2^{n-3} < 2^{n-2}$.

(2) Seien p eine Primzahl, $p \neq 2$, K ein Körper mit $char(K) = p$ und G das semidirekte Produkt von $\langle a \rangle_{\mathcal{G}}$ und $\langle b \rangle_{\mathcal{G}}$, so daß $o(a) = p^3$, $o(b) = p^2$ und $a^b = a^{1+p}$ gelten. Sei $\alpha : \langle a \rangle_{\mathcal{G}} \longrightarrow \langle a \rangle_{\mathcal{G}}$ definiert durch $a^i \mapsto (a^i)^{p+1}$. Dann ist α ein $\mathcal{G}$-Automorphismus von $\langle a \rangle_{\mathcal{G}}$, und es gilt $o(\alpha) = p^2$. Da $G^{'}$ zyklisch ist und $p \neq 2$ gilt, ist G eine reguläre p-Gruppe (siehe Satz 10.2 auf Seite 322 in [13]). Aus Folgerung 3.2.5 erhalten wir $exp(Z(rad(KG)^*)) = exp(Z(G))$. Wir zeigen, daß $exp(Z(G)) = p$ und damit auch $exp(Z(rad(KG)^*)) = p < p^2 = exp(Z(rad(K(G/\langle a \rangle_{\mathcal{G}}))^*))$ gilt: Sind $i \in \underline{p^3}$ und $j \in \underline{p^2}$, so gilt:
$(a^i b^j)^b = a^i b^j \Longleftrightarrow (a^b)^i = a^i \Longleftrightarrow a^{i(p+1)} = a^i \Longleftrightarrow p^2 \mid i$.
Zudem gilt $(a^i b^j)^a = a^i b^j$ genau dann, wenn $a \in C_G(\langle b^j \rangle_{\mathcal{G}})$ gilt. Wäre $\langle b^j \rangle_{\mathcal{G}} = \langle b \rangle_{\mathcal{G}}$, so würde $a = a^b = a^{1+p}$ und damit $a^p = 1_G$ gelten, was ein Widerspruch zu $o(a) = p^3$ ist. Wäre $\langle b^j \rangle_{\mathcal{G}} = \langle b^p \rangle_{\mathcal{G}}$, so ergäbe sich $a^{b^p} = a$. Das würde $a(\alpha^p) = a$ und damit $\alpha^p = id_{\langle a \rangle_{\mathcal{G}}}$ bedeuten, was ein Widerspruch zu $o(\alpha) = p^2$ ist. Also gilt $\langle b^j \rangle_{\mathcal{G}} = \{1_G\}$, und wir erhalten $Z(G) = \langle a^{p^2} \rangle_{\mathcal{G}} \cong_{\mathcal{G}} Z_p$.⋄

3.7 Offene Fragen und Übungsaufgaben

Offene Fragen 3 *(i) Wie kann der Exponent des Zentrums des Radikals für beliebige Gruppenerweiterungen berechnet werden?*

(ii) Wie kann der Exponent des Zentrums des Radikals für direkte Produkte mit vereinigter Faktorgruppe berechnet werden?

(iii) Wie kann die Struktur des Zentrums des Radikals für die Gruppenkonstruktionen und speziellen Gruppenklassen dieses Kapitels berechnet werden? Teilweise können wir diese Frage in Kapitel 4 beantworten.

(iv) Wann wird der maximal (z.B. bei trivialer Operation) und minimal (z.B. bei treuer Operation) mögliche Exponent des Zentrums des Radikals für Kranzprodukte angenommen?

Übungsaufgabe 81 *Man wende Proposition 3.1.1 auf geeignete Untergruppen in D_{16}, Q_{16} und SD_{16} an. Was besagt die Proposition für eine Gruppe der Ordnung p^3?*

Übungsaufgabe 82 *In dem Beispiel zu Proposition 3.1.1 beweise man die Aussagen zu den Semidiedergruppen und zu den Quaternionengruppen ausführlich.*

Übungsaufgabe 83 *Sei p eine Primzahl. Man prüfe, ob Satz 3.1.6 in den folgenden Fällen direkt auf die Gruppe G anwendbar ist und gebe ggfs. das Resultat (oder ein Gegenbeispiel) an:*

(i) G ist eine reguläre p-Gruppe.

(ii) G ist minimal nicht-abelsche p-Gruppe.

(iii) G ist eine spezielle p-Gruppe.

(iv) G ist eine extra-spezielle p-Gruppe.

(v) $G \in \{D_{16}, Q_{16}, SD_{16}\}$

(vi) G ist eine 3-Sylow-Untergruppe von S_5.

(vii) G hat die Ordnung p^3.

(viii) G ist das direkte Produkt von D_8 mit Z_{32}.

Was müsste in den Konstellationen gelten, damit der Satz anwendbar ist? Ist dies möglich?

Übungsaufgabe 84 *Seien p eine Primzahl, K ein Körper der Charakteristik p und G_1, G_2 p-Gruppen, so dass der Exponent des Zentrums von $\mathrm{rad}(KG)$ bzgl. $*$ für beide Gruppen so gross bzw. so klein wie möglich ist. Gilt dann dies auch für das direkte Produkt, für das reguläre Kranzprodukt und für ein direktes Produkt mit vereinigten Zentren beider Gruppen? Gilt dies auch für jede Untergruppe, für jeden Normalteiler und jede Faktorgruppe von G_1?*

Übungsaufgabe 85 *Wieso ist jede p-Gruppe zu einer p-Untergruppe einer p-Sylow-Untergruppe einer generellen linearen Gruppe isomorph?*

Übungsaufgabe 86 *Man beweise Bemerkung 3.2.2.1 ggfs. durch eine Literaturrecherche.*

Übungsaufgabe 87 *Wir betrachten eine 31-Sylow-Untergruppe P von $GL(17, 31^5)$. Wie lässt sich diese Sylow-Untergruppe darstellen? Was ist der Exponent des Zentrums von $rad(GF(31^5)^P)^*$? Welche Ordnung hat dieses Zentrum? Was weiss man über die Struktur dieses Zentrums?*

Übungsaufgabe 88 *Wie kann man Übung 87 auf beliebiege Primzahlen und Dimensionen erweitern?*

Übungsaufgabe 89 *Seien p eine Primzahl, G eine p-Gruppe und K ein Körper der Charakteristik p. Was lässt sich über den Exponenten des Zentrums von $rad(KG)^*$ in den folgenden Fällen aussagen:*

 (i) G ist eine 2-Gruppe, deren Ableitung die Ordnung 2 hat.

 (ii) G ist eine 3-Gruppe, deren 3-te Potenz zentral ist.

 (iii) G ist eine 5-Gruppe mit zentraler Frattini-Untergruppe.

 (iv) G ist eine minimal nicht-abelsche 7-Gruppe.

 (v) G ist eine meta-zyklische 11-Gruppe.

 (vi) G ist eine extra-spezielle 2-Gruppe.

 (vii) G ist das direkte Produkt von D_{18} und einer Gruppe der Ordnung 8.

(viii) G ist eine hamiltonsche Gruppe der Ordnung 2^5 oder 2^6.

 (ix) G ist eine reguläre 17-Gruppe der Ordnung 17^{35}.

 (x) G ist eine spezielle 35-Gruppe der Ordnung 35^{17}.

 (xi) G ist eine minimal-nicht-abelsche 5-Gruppe vom Typ 2 mit $r = 6$ und $s = 4$.

(xii) G ist eine minimal-nicht-abelsche 7-Gruppe vom Typ 3 mit $r = 8$ und $s = 9$.

Übungsaufgabe 90 *Man beweise Proposition 3.2.2.3.*

Übungsaufgabe 91 *Man beweise Proposition 3.2.2.4.*

Übungsaufgabe 92 *Man beweise Satz 3.2.2.5 ausführlich.*

Übungsaufgabe 93 *In Anmerkung 3.2.6.3 beweise man die Aussage (1) ausführlich.*

Übungsaufgabe 94 *Man beweise den Satz 3.3.2 ggfs. unter Zuhilfenahme von Literatur.*

Übungsaufgabe 95 *Zu welchen Paaren der folgenden Gruppen kann man ein direktes Produkt P (zur gleichen Primzahl p) mit vereingten Zentren konstruieren? Dabei gehe man auch auf den Fall dergleichen Gruppe ein!*

(i) D_8

(ii) Q_8

(iii) SD_8

(iv) Z_{16}

(v) Z_{3^5}

(vi) G ist eine Gruppe der Ordnung 3^3.

Was ist der Exponent des Zentrums des Radikals von $P \cdot GF(p)$ bzgl. $*$?

Übungsaufgabe 96 *Man beweise Bemerkung 3.3.3.*

Übungsaufgabe 97 *Man beweise Proposition 3.4.1.*

Übungsaufgabe 98 *Was passiert in Definition 3.4.2, wenn man statt der rechtsregulären die linksreguläre Darstellung benutzt?*

Übungsaufgabe 99 *Für jede Primzahl p untersuche man zu einer p-Sylow-Untergruppe von S_4, A_4, S_5, A_5, S_6, was der Exponent des Zentrums von $rad(GF(p) \cdot P)^*$ ist.*

Übungsaufgabe 100 *Man beweise Satz 3.5.1 ggfs. unter Benutzung von Literatur.*

Übungsaufgabe 101 *Man beweise Definition 3.5.2 ggfs. unter Benutzung von Literatur.*

Übungsaufgabe 102 *Man führe das Beispiel 3.5.7 für die Quaternionengruppe und die Semidiedergruppe aus.*

Übungsaufgabe 103 *Seien p eine Primzahl und K ein Körper der Charaktersitik p. Für die folgenden Gruppen G zeige man, wie der Exponent des Zentrums von $rad(KG)^*$ zu berechnen ist:*

(i) G ist das iterierte reguläre Kranzprodukt von zyklischen p-Gruppen.

(ii) G ist das iterierte reguläre Kranzprodukt von abelschen p-Gruppen.

(iii) G ist das iterierte reguläre Kranzprodukt von beliebigen p-Gruppen.

Kapitel 4

Die Invarianten des Zentrums

4.1 Eine direkte Zerlegung

4.1.1 Beispiel

Seien $G := D_{16}$, und seien $h, a \in G$, so daß $G = <h, a>_{\mathfrak{g}}$, $o(h) = 8$, $o(a) = 2$, $h^a = h^{-1}$ gelten. Die Konjugiertenklassen von G sind $\{h, h^7\}$, $\{h^2, h^6\}$, $\{h^3, h^5\}$, $\{1\}$, $\{h^4\}$, $\{a, h^2a, h^4a, h^6a\}$ und $\{ha, h^3a, h^5a, h^7a\}$. Sei K ein Körper mit $char(K) = 2$. Wir geben die Multiplikationstafel für die kommutative K-Algebra $Z(rad(KG))$ an (siehe Proposition 1.3.9):

·	$\overline{h}^G$	$\overline{(h^2)}^G$	$\overline{(h^3)}^G$	$\overline{a}^G$	$\overline{(ah)}^G$	$h^4 - 1_G$
$\overline{h}^G$	$\overline{(h^2)}^G$	$\overline{h}^G + \overline{(h^3)}^G$	$\overline{(h^2)}^G$	0_{KG}	0_{KG}	$\overline{h}^G + \overline{(h^3)}^G$
$\overline{(h^2)}^G$		0_{KG}	$\overline{(h^2)}^G + \overline{(h^3)}^G$	0_{KG}	0_{KG}	0_{KG}
$\overline{(h^3)}^G$			$\overline{(h^2)}^G$	0_{KG}	0_{KG}	$\overline{h}^G + \overline{(h^3)}^G$
$\overline{a}^G$				0_{KG}	0_{KG}	0_{KG}
$\overline{(ah)}^G$					0_{KG}	0_{KG}
$h^4 - 1_G$						0_{KG}

In diesem Beispiel gelten die folgenden zwei Aussagen:

(1) Der K-Teilraum $\langle\{\overline{g}^G \mid g \in G \setminus Z(G)\}\rangle_K$ ist ein K-Ideal von $Z(rad(KG))$.

(2) Die Aussage (1) verfeinernd stellen wir fest, daß sogar die K-Teilräume $\langle h^G, (h^2)^G, (h^3)^G\rangle_K$ und $\langle a^G, (ha)^G\rangle_K$ K-Ideale von $Z(rad(KG))$ sind. Dabei besitzen die Konjugiertenklassen $h^G, (h^2)^G, (h^3)^G$ die Länge 2 und die Konjugiertenklassen $a^G, (ha)^G$ die Länge 4.

Wir werden zeigen, daß die Aussage (1) stets erfüllt ist, jedoch ein K-Erzeugnis von Konjugiertenklassensummen zu Konjugiertenklassen gleicher Länge im Allgemeinen kein K-Ideal von $Z(rad(KG))$ ist.⋄

4.1.2 Bemerkung

Seien G eine endliche Gruppe, U eine Untergruppe von G, $g \in G$ und $c \in C_G(U)$. Sind $g^{u_1}, \ldots, g^{u_r}$ die Konjugierten von g unter U, so gelten:

(i) $cg^{u_1}, \ldots, cg^{u_r}$ sind die Konjugierten von cg unter U.

(ii) $g^{u_1}c, \ldots, g^{u_r}c$ sind die Konjugierten von gc unter U

(iii) $(g^{-1})^{u_1}, \ldots, (g^{-1})^{u_r}$ sind die Konjugierten von g^{-1} unter U.⋄

4.1.3 Lemma

Seien K ein Körper, G eine endliche Gruppe, U eine Untergruppe von G, $\mathcal{B}$ die Menge der U-Bahnen von G vermöge Konjugation und $C, D \in \mathcal{B}$. Für alle $B \in \mathcal{B}$ sei $k_B \in K$, so daß $\overline{C} \cdot \overline{D} = \sum\limits_{B \in \mathcal{B}} k_B \overline{B}$ gelte (siehe 1.3.12). Ist $z \in C_G(U)$, und existiert ein Paar $(c; d) \in C \times D$ mit $cd = z$, so gilt $k_{\{z\}} = \mid C \mid_K = \mid D \mid_K$.

Beweis: Seien $c^{u_1}, \ldots, c^{u_r}$ die Konjugierten von c unter U. Aus $d = c^{-1}z$ und Bemerkung 4.1.2 erhalten wir, daß $d^{u_1}, \ldots, d^{u_r}$ die Konjugierten von d unter U sind. Wegen $cd = z \in C_G(U)$ gilt für alle $i \in \underline{r}$ die Gleichung $z = z^{u_i} = (cd)^{u_i} = c^{u_i}d^{u_i}$. Seien $i, j \in \underline{r}$, und es gelte $c^{u_i}d^{u_j} = z$. Aufgrund von $c^{u_i}d^{u_i} = z$ ergibt sich $d^{u_i} = d^{u_j}$, woraus wir $i = j$ schließen. Somit erhalten wir die Behauptung.⋄

4.1.4 Satz

Sind p eine Primzahl, K ein Körper mit $char(K) = p$, G eine p-Gruppe, U eine Untergruppe von G und $\mathcal{B}$ die Menge der U-Bahnen von G vermöge Konjugation, so gelten:

(i) $(\langle\{\overline{B} \mid B \in \mathcal{B}, \mid B \mid \neq 1\}\rangle_K, KC_G(U))$ ist eine semidirekte Zerlegung der K-Algebra $C_{KG}(U)$.

(ii) $(\langle\{\overline{B} \mid B \in \mathcal{B}, \mid B \mid \neq 1\}\rangle_K, rad(KC_G(U)))$ ist eine semidirekte Zerlegung der K-Algebra $C_{rad(KG)}(U)$.

(iii) $(\langle\{\overline{B} \mid B \in \mathcal{B}, \mid B \mid \neq 1\}\rangle_K^*, rad(KC_G(U))^*)$ ist eine semidirekte Zerlegung der Gruppe $C_{rad(KG)^*}(U-1)$.

(iv) $(1_G + \langle\{\overline{B} \mid B \in \mathcal{B}, \mid B \mid \neq 1\}\rangle_K, 1_G + rad(KC_G(U)))$ ist eine semidirekte Zerlegung der Gruppe $C_{1_G+rad(KG)}(U)$.

Beweis: ad(i): Diese Aussage ergibt sich aus Proposition 1.3.12, Lemma 4.1.3 und den Teilen (i) und (ii) von Bemerkung 4.1.2.

ad(ii): Diese Aussage erhalten wir aus (i) und Folgerung 1.3.14.

ad(iii): Diese Aussage ergibt sich aus (ii) und Folgerung 1.1.8.

ad(iv): Diese Aussage folgt aus (iii) und aus Folgerung 1.1.8.⋄

4.1.5 Folgerung

Sind p eine Primzahl, K ein Körper mit $char(K) = p$ und G eine p-Gruppe, so gelten folgende Aussagen:

(i) $(\langle\{\overline{C} \mid C \in \mathcal{K}(G), \mid C \mid \neq 1\}\rangle_K, KZ(G))$ ist eine semidirekte Zerlegung der K-Algebra $Z(KG)$.

(ii) $(\langle\{\overline{C} \mid C \in \mathcal{K}(G), \mid C \mid \neq 1\}\rangle_K, rad(KZ(G)))$ ist eine semidirekte Zerlegung der K-Algebra $Z(rad(KG))$.

(iii) $(\langle\{\overline{C} \mid C \in \mathcal{K}(G), \mid C \mid \neq 1\}\rangle_K^*, rad(KZ(G))^*)$ ist eine direkte Zerlegung der Gruppe $Z(rad(KG)^*)$.

(iv) $(1_G + \langle\{\overline{C} \mid C \in \mathcal{K}(G), \mid C \mid \neq 1\}\rangle_K, 1_G + rad(KZ(G)))$ ist eine direkte Zerlegung der Gruppe $Z(1_G + rad(KG))$.

Beweis: Durch die Spezialisierung $U = G$ erhalten wir diese Folgerung aus Satz 4.1.4.⋄

4.1.6 Definition

Sind K ein Körper und G eine endliche Gruppe, so definieren wir

$$\overline{\mathcal{K}(G)} := \langle\{\overline{C} \mid C \in \mathcal{K}(G), \mid C \mid \neq 1\}\rangle_K.$$

Dies ist – in dem Fall $char(K) = p \geq 0$ und einer p-Gruppe G – nach Teil (i) von 4.1.5 ein K-Ideal von $Z(KG)$, also insbesondere eine K-Teilalgebra von KG.⋄

4.1.7 Beispiel

(i) Seien p eine Primzahl und G eine nicht-abelsche Gruppe der Ordnung p^3. Dann ist G extra-speziell, und daher gilt für alle $g \in G \setminus Z(G) : \mid g^G \mid = p$. Ist $n \in \mathbb{N}$, so gilt für alle $g \in G \setminus Z(G) : \mid (g, \ldots, g)^{G^n} \mid = p^n$.

(ii) Seien K ein Körper, A, B Gruppen und $(a; b) \in A \times B$, so daß $\underline{a \notin Z(A)}$ und $\underline{b \notin Z(B)}$ gelten. Eine leichte Rechnung zeigt uns $\overline{(a; 1_B)^{A \times B}} \cdot \overline{(1_A; b)^{A \times B}} = \overline{(a; b)^{A \times B}}$. Dabei ist die Länge der Konjugiertenklasse $(a; b)^{A \times B}$ genau das Produkt der Längen von $(a; 1_B)^{A \times B}$ und $(1_A; b)^{A \times B}$.

(iii) Aus (i) und (ii) erhalten wir, daß ein K-Erzeugnis von Konjugiertenklassensummen gleicher Länge im Allgemeinen nicht multiplikativ und auch nicht unter der Sternverknüpfung abgeschlossen ist.$\diamond$

4.2 Kommutative Gruppenalgebren

4.2.1 Die Invarianten

4.2.1.1 Definition

Sind G eine Gruppe und $n \in \mathbb{N}$, so sei $nG := G^n$.$\diamond$

Die folgende Proposition läßt sich leicht einsehen:

4.2.1.2 Proposition

Seien p eine Primzahl, $e \in \mathbb{N}$, $n_i \in \mathbb{N}$ für alle $i \in \underline{e}$ und G eine zu $n_1 Z_p \times \cdots \times n_e Z_{p^e}$ $\mathcal{G}$-isomorphe Gruppe. Dann ist für alle $i \in \underline{e-1} \cup \{0\}$ die Faktorgruppe $G^{p^i} / G^{p^{i+1}}$ zu $(n_{i+1} + \cdots + n_e) Z_p$ $\mathcal{G}$-isomorph.$\diamond$

4.2.1.3 Bemerkung

Sind p eine Primzahl, K ein perfekter Körper mit $char(K) = p$ und G eine abelsche p-Gruppe, so gilt für alle $n \in \mathbb{N}$ $(rad(KG)^*)^{p^n} = rad(KG^{p^n})$.

<u>Beweis:</u> Diese Aussage folgt aus Proposition 2.4.5 und Folgerung 2.4.4.$\diamond$

Wir können nun die Invarianten im abelschen Fall ermitteln. Dabei sei $soc(G)$ der sog. Sockel einer Gruppe, im Kontext von abelschen p-Gruppen die grösste elementar-p-abelsche Untergruppe.

4.2.1.4 Satz

Seien $e, k \in \mathbb{N}$, p eine Primzahl, K ein Körper mit p^k Elementen und G eine abelsche p-Gruppe vom Exponenten p^e. Für alle $i \in \underline{e}$ sei $s_i := k(\mid G^{p^{i-1}} \mid -2 \mid G^{p^i} \mid + \mid G^{p^{i+1}} \mid)$. Dann ist $rad(KG)^*$ zu $s_1 Z_p \times \cdots \times s_e Z_{p^e}$ $\mathcal{G}$-isomorph. Insbesondere ist $k(\mid G \mid - \mid G^p \mid)$ der Rang von $rad(KG)^*$, und es gilt $soc(rad(KG)^*) \cong_{\mathcal{G}} (k(\mid G \mid - \mid G^p \mid)) Z_p$.

__Beweis:__ Wegen der Bemerkung 4.2.1.3 gilt $exp(G) = exp(rad(KG)^*)$, und für alle $i \in \underline{e-1} \cup \{0\}$ ist die Gleichung

(1) $\mid (rad(KG)^*)^{p^i}/(rad(KG)^*)^{p^{i+1}} \mid = \mid K \mid^{\mid G^{p^i} \mid - \mid G^{p^{i+1}} \mid}$

erfüllt. Für alle $i \in \underline{e}$ sei $s_i \in \mathbb{N}_0$, so daß $rad(KG)^*$ zu $s_1 Z_p \times \cdots \times s_e Z_{p^e}$ $\mathcal{G}$-isomorph ist. Mit (1) und Proposition 4.2.1.2 erhalten wir

(2) $\forall i \in \underline{e} : s_i + \cdots + s_e = k(\mid G^{p^{i-1}} \mid - \mid G^{p^i} \mid)$.

Durch Auflösen des Gleichungssystemes (2) ergibt sich der erste Teil der Behauptung. Der Zusatz ist eine Umformulierung von (2) in dem Spezialfall $i = 1$.$\diamond$

4.2.1.5 Beispiele

Im Folgenden seien p eine Primzahl, $e, n \in \mathbb{N}$, G eine abelsche p-Gruppe mit $exp(G) = p^e$, K ein Körper mit $\mid K \mid = p^k$ und $s_1, \ldots, s_e$ wie in Satz 4.2.1.4.

(1) Ist $G = Z_{p^e}$, so ergibt sich für alle $i \in \underline{e-1}$ $s_i = kp^{e-i-1}(p-1)^2$ sowie $s_e = k(p-1)$. In dem Spezialfall $p = 2$ erhalten wir $(s_e, s_{e-1}, \ldots, s_1) = k(1, 2, 2, 4, \ldots, 2^{e-2})$.

(2) Ist $G = nZ_{p^e}$, so ergibt sich für alle $i \in \underline{e-1}$ $s_i = kp^{(e-i-1)n}(p^n - 1)^2$ sowie $s_e = k(p^n - 1)$

(3) Ist $G = Z_p \times \cdots \times Z_{p^e}$, so erhalten wir, daß für alle $i \in \underline{e-1}$ $s_i = kp^{(e-i-1)(e-i)0.5}(p^{2(e-i)+1} - 2p^{e-i} + 1)$ sowie $s_e = k(p-1)$ gelten. Zum Beispiel ergibt sich für den Fall $p = 3$, $k = 1$ und $e = 4$ $(s_1, s_2, s_3, s_4) = (57618, 678, 22, 2)$.

(4) Ist $G = nZ_p \times \cdots \times nZ_{p^e}$, so gelten für alle $i \in \underline{e-1}$ $s_i = kp^{(e-i-1)(e-i)0.5}(p^{n(2(e-i)+1)} - 2p^{n(e-i)} + 1)$ sowie $s_e = k(p^n - 1)$.$\diamond$

Die Beispiele zeigen uns, daß die Invarianten ein stark ausgeprägtes

Monotonieverhalten aufweisen. Auf dieses gehen wir in den nächsten beiden Abschnitten näher ein und zeigen dort zudem, daß G ein direkter Faktor von $1_G + rad(KG)$ ist. Als eine Folgerung erhalten wir für beliebige p-Gruppen G, daß $Z(G)$ ein Komplement in $Z(1_G + rad(KG))$ besitzt.

4.2.2 Komplementierbarkeit

4.2.2.1 Proposition

Seien p eine Primzahl, K ein Körper mit $char(K) = p$, G eine p-Gruppe und (A, B) eine direkte Zerlegung von G. Dann ist $(rad(KB)KG, rad(KA))$ eine semidirekte Zerlegung der K-Algebra $rad(KG)$.

Beweis: Nach Definition und Bemerkung 1.1.14 gilt $Kern\, p_B = KG\, rad(KB) = rad(KB)\, KG$. Da für alle $a_1, a_2 \in A$ genau dann $a_1 B = a_2 B$ gilt, wenn $a_1 = a_2$ erfüllt ist, ergibt sich $rad(KA) \cap Kern\, p_B = \{0_{KG}\}$. Aus Dimensiongründen erhalten wir die Behauptung.◇

4.2.2.2 Definition

Seien p eine Primzahl, G eine abelsche p-Gruppe und $e \in \mathbb{N}_0$ sowie $s_i \in \mathbb{N}$ für alle $i \in \underline{e}$, so daß G zu $s_1 Z_p \times \cdots \times s_e Z_{p^e}$ $\mathcal{G}$-isomorph ist. Wir nennen G lückenlos zerlegbar, falls für alle $i \in \underline{e}$ $s_i \neq 0$ gilt.◇

4.2.2.3 Satz

Seien p eine Primzahl, G eine abelsche p-Gruppe und K ein endlicher Körper mit $char(K) = p$, so ist $rad(KG)^*$ lückenlos zerlegbar.

Beweis: Sei $g \in G$ mit $o(g) = max\{o(x) \mid x \in G\}$. Bekanntlich besitzt M ein Komplement in G. Aus Proposition 4.2.2.1 und Folgerung 1.1.8 erhalten wir, daß $rad(KM)^*$ ein direkter Faktor von $rad(KG)^*$ ist. Die Behauptung ergibt sich aus Teil (1) der Beispiele 4.2.1.5.◇

4.2.2.4 Bemerkung

Seien G eine endliche Gruppe und U, V Untergruppen von G.
Dann gilt $\mid G/_r(U \cap V) \mid \, \leq \, \mid G/_r U \mid \, \cdot \, \mid G/_r V \mid$.◇

4.2.2.5 Satz

Sind p eine Primzahl, G eine abelsche p-Gruppe und K ein endlicher Körper mit $char(K) = p$, so ist G ein direkter Faktor von $1_G + rad(KG)$.

Beweis: Wir beweisen diese Aussage durch Induktion nach der Gruppenordnung von G. Nach Satz 4.2.1.4 und Folgerung 2.4.4 besitzen G und $1_G + rad(KG)$ denselben Exponenten. Ist G zyklisch, so ist G ein Maximalfaktor von $1_G + rad(KG)$, und die Behauptung ist bewiesen.

Sei also G nicht zyklisch. Dann gibt es eine nicht-triviale direkte Zerlegung (A, B) von G. Aus Proposition 4.2.2.1 erhalten wir

(1) $rad(KG) = (rad(KA)KG) \oplus_K rad(KB) = (rad(KB)KG) \oplus_K rad(KA)$.

Mit Folgerung 1.1.8 ist nach Induktion A bzw. B ein direkter Faktor von $1_G + rad(KA)$ bzw. von $1_G + rad(KB)$. Sei N_A bzw. N_B ein Komplement von A bzw. B in $1_G + rad(KA)$ bzw. in $1_G + rad(KB)$. Wir definieren

(2) $N := ((1_G + rad(KA)KG)N_B) \cap ((1_G + rad(KB)KG)N_A)$

und zeigen, daß N ein Komplement von G in $1_G + rad(KG)$ ist. Aus Bemerkung 4.2.2.4 und (1) erhalten wir, daß der Index von N in $1_G + rad(KG)$ kleiner oder gleich $| A | \cdot | B | = | G |$ ist. Ferner ergeben sich aus (1) die Gleichungen $((1_G + rad(KA)KG)N_B) \cap G = A$ und $((1_G + rad(KB)KG)N_A) \cap G = B$, woraus die Behauptung folgt.⋄

4.2.2.6 Folgerung

Sind p eine Primzahl, G eine p-Gruppe und K ein endlicher Körper mit $char(K) = p$, so ist $Z(G)$ ein direkter Faktor von $Z(1_G + rad(KG))$.

Beweis: Diese Aussage folgt aus Satz 4.2.2.5 und Teil (iv) von Folgerung 4.1.5.⋄

4.2.2.7 Folgerung

Sind p eine Primzahl, G eine nicht-triviale p-Gruppe und K ein Körper mit $char(K) = p$, so ist $Z(rad(KG)^*)$ genau dann zyklisch, wenn $| G | = 2 = | K |$ gilt.

Beweis: Sei $Z(rad(KG)^*)$ zyklisch. Aus Proposition 2.4.7 erhalten wir, daß K endlich ist. Daraus ergibt sich mit Folgerung 4.2.2.6 die Kommutativität von KG. Also ist auch $1_G + rad(KG)$ zyklisch. Da nach Satz 4.2.2.5 G ein direkter Faktor von $1_G + rad(KG)$ ist, muß $G = 1_G + rad(KG)$ gelten, was nach Bemerkung 1.1.18 nur in dem angegeben Fall möglich ist. Gilt $| G | = 2 = | K |$, so ist $1_G + rad(KG) = G$ zu Z_2 G-isomorph.⋄

4.2.3 Monotonie

4.2.3.1 Definition

Seien p eine Primzahl, G eine abelsche p-Gruppe und $e \in \mathbb{N}$ sowie $s_i \in \mathbb{N}$ für alle $i \in \underline{e}$, so daß G zu $s_1 Z_p \times \cdots \times s_e Z_{p^e}$ $\mathcal{G}$-isomorph ist. Wir nennen G monoton bzw. streng monoton zerlegbar, falls $s_1 \geq \cdots \geq s_e$ bzw. $s_1 > \cdots > s_e$ gilt.$\diamond$

4.2.4 Satz

Seien p eine Primzahl, K ein endlicher Körper mit $char(K) = p$, G eine zu $t_1 Z_p \times \cdots \times t_e Z_{p^e}$ $\mathcal{G}$-isomorphe Gruppe und s_i ($i \in \underline{e}$) wie in Satz 4.2.1.4.

(i) Außer in dem Fall $t_e = 1$, $t_{e-1} = 0$ gilt für alle $i \in \underline{e-1}$, die Ungleichung $s_i \geq p \cdot s_{i+1}$.

(ii) $rad(KG)^*$ ist für $p \neq 2$ streng monoton zerlegbar.

(iii) Außer in dem Fall $t_e = 1$, $t_{e-1} = 0$ ist $rad(KG)^*$ für $p = 2$ streng monoton zerlegbar.

(iv) $rad(KG)^*$ ist für $p = 2$ monoton zerlegbar.

Beweis: Der Beweis ergibt sich durch Nachrechnen mit Hilfe der in Satz 4.2.1.4 hergeleiteten Beschreibung der s_i, $i \in \underline{e}$. $\diamond$

4.3 Die Invarianten

4.3.1 Die Frattini-Reihe

4.3.1.1 Lemma

Seien p eine Primzahl, K ein perfekter Körper mit $char(K) = p$ und G eine p-Gruppe. Dann ist für alle $i \in \mathbb{N}$ die Menge $\{\overline{(g^{p^i})^G} \mid g \in G \setminus Z(G), C_G(g) = C_G(g^{p^i})\}$ eine K-Basis des K-Vektorraums $(\mathcal{K}(G)^*)^{p^i}$.

Beweis: Nach Definition ist $\overline{\mathcal{K}(G)}$ von G-Konjugiertenklassensummen K-erzeugt und damit zentral in $rad(KG)$. Für alle $C \in \mathcal{K}(G)$ sei $k_C \in K$. Dann gilt wegen $char(K) = p$:

$$(1) \; (\sum_{C \in \mathcal{K}(G)} k_C \overline{C})^{p^i} = \sum_{C \in \mathcal{K}(G)} (k_C)^{p^i} (\overline{C})^{p^i}.$$

Aus (1), der Perfektheit von K und Folgerung 2.4.4 erhalten wir, daß $(\overline{\mathcal{K}(G)}^*)^{p^i}$ ein K-Vektorraum ist, der von $\{\overline{(g^G)}^{p^i} \mid g \in G \setminus Z(G)\}$ K-erzeugt wird. Die Behauptung erhalten wir nun aus Satz 2.4.8, der das Konzept der endvertauschbaren Anordnungen benutzt.$\diamond$

4.3.1.2 Definition

Seien p eine Primzahl, K ein Körper mit $char(K) = p$ und G eine p-Gruppe. Für alle $i \in \mathbb{N}_0$ definieren wir

$$\overline{k(G)}_{p^i} := |\, \{\overline{(g^{p^i})^G} \mid g \in G \setminus Z(G), C_G(g) = C_G(g^{p^i})\} \,|.\diamond$$

4.3.1.3 Satz

Seien p eine Primzahl, K ein endlicher Körper der Mächtigkeit p^k, G eine p-Gruppe und $s_1, \ldots, s_e \in \mathbb{N}_0$, so daß $\overline{\mathcal{K}(G)}^*$ zu $s_1 Z_p \times \cdots \times s_e Z_{p^e}$ $\mathcal{G}$-isomorph sei. Dann gilt für alle $i \in \underline{e}$ die Gleichung

$$s_i = k(\overline{k(G)}_{p^{i-1}} - 2 \cdot \overline{k(G)}_{p^i} + \overline{k(G)}_{p^{i+1}}).$$

Beweis: Für alle $i \in \underline{e}$ erhalten wir aus Lemma 4.3.1.1

(1) $|\,(\overline{\mathcal{K}(G)}^*)^{p^i}\,| = p^{k \cdot \overline{k(G)}_{p^i}}$.

Zudem gilt nach Proposition 4.2.1.2 für alle $i \in \underline{e}$

(2) $(\overline{\mathcal{K}(G)}^*)^{p^i}/(\overline{\mathcal{K}(G)}^*)^{p^{i+1}} \cong_{\mathcal{G}} (s_{i+1} + \cdots + s_e)Z_p$.

Aus (1) und (2) ergibt sich für alle $i \in \underline{e}$

(3) $k(\overline{k(G)}_{p^i} - \overline{k(G)}_{p^{i+1}}) = s_{i+1} + \cdots + s_e$

Durch Auflösen des Gleichungssytems in (3) folgt die Behauptung.$\diamond$

Es ist zu erkennen, dass die Grösse des Körpers nur die Anzahl der vorkommenden zyklischen Faktoren gleichmässig erhöht. Die Faktoren werden bereits über $GF(p)$ vollständig bestimmt, sie hängen nur von der Gruppe G ab.

4.3.1.4 Beispiel

Seien K ein Körper mit 2^k Elementen und G die Diedergruppe der Ordnung 16. Dann gibt es $h, a \in G$, so daß $o(h) = 8$, $o(a) = 2$, $G = \langle h, a \rangle_{\mathcal{G}}$ und $h^a = h^{-1}$ gelten. Die nicht-zentralen Konjugiertenklassen von G sind a^G, $(ha)^G$, h^G, $(h^3)^G$ und $(h^2)^G$.
Da a, ha Involutionen sind, gilt nach Satz 2.4.8: $\overline{(a^G)}^2 = \overline{((ha)^G)}^2 = 0_{KG}$.
Da $\langle h^4 \rangle_{\mathcal{G}} = Z(G)$ und $\langle h \rangle_{\mathcal{G}} = C_G(h) = C_G(h^3) = C_G(h^2) = C_G(h^6)$ gelten, ergibt sich mit Satz 2.4.8: $\overline{(h^G)}^2 = \overline{(h^2)^G} = \overline{((h^3)^G)}^2$.
Wir erhalten $\overline{k(G)}_{2^0} = 5$, $\overline{k(G)}_{2^1} = 1$ und $\overline{k(G)}_{2^2} = 0$, und nach Satz 4.3.1.3 gilt $\overline{\mathcal{K}(G)}^* \cong_{\mathcal{G}} (3k)Z_2 \times (1k)Z_4.\diamond$

4.3.2 Die Sockelreihe

4.3.2.1 Definition und Bemerkung

Seien p eine Primzahl, $n \in \mathbb{N}_0$ und G eine abelsche p-Gruppe. Wir definieren $soc_n(G) = \{g \mid g \in G, g^{p^n} = 1_G\}$ und nennen $soc_n(G)$ den n-ten Sockel von G. Offenbar ist für alle $n \in \mathbb{N}$ die Menge $soc_n(G)$ eine Untergruppe von $soc_{n+1}(G)$.$\diamond$

4.3.2.2 Beispiel

Seien p eine Primzahl, K ein Körper mit $char(K) = p$ und G eine p-Gruppe.

(i) Ist U eine nicht-triviale Untergruppe von G, so gilt die Gleichung $\overline{U}^2 = \mid U \mid_K \overline{U} = 0_{KG}$. Insbesondere sind $\overline{G}$ und $\overline{Z(G)}$ im 1-ten Sockel von $Z(rad(KG)^*)$ enthalten (siehe Folgerung 2.4.4).

(ii) Sei p^n die maximale Länge der Konjugiertenklassen von G. Für alle $i \in \underline{n}$ sei C_{p^i} die Vereinigung der Konjugiertenklassen der Länge p^i von G. Wegen (i) gilt $0_{KG} = \overline{G}^p = (\overline{Z(G)} + \sum\limits_{i=1}^{n} \overline{C_{p^i}})^p = \sum\limits_{i=1}^{n} \overline{C_{p^i}}^p$. Also liegt das Element $\overline{\bigcup\limits_{i=1}^{n} C_{p^i}}$ nach Folgerung 2.4.4 im 1-ten Sockel von $Z(rad(KG)^*)$. Da nach Satz 2.4.8 für alle $C \in \mathcal{K}(G)$ entweder $\overline{C}^p = 0_{KG}$ oder $\overline{C}^p = \overline{C^p}$ und $\mid C \mid = \mid C^p \mid$ gilt, ist sogar für jedes $i \in \underline{n}$ das Element $\overline{C_{p^i}}$ im 1-ten Sockel von $Z(rad(KG)^*)$ enthalten (siehe Folgerung 2.4.4).

(iii) Ist $g \in G$ der Ordnung p so ist $\overline{g^G}$ ebenfalls ein Element der Ordnung p nach Satz 2.4.8. Insbesondere ist für jede Involution g von G auch $\overline{g^G}$ eine Involution.$\diamond$

Leicht läßt sich einsehen:

4.3.2.3 Proposition

Seien p eine Primzahl, $s_1, \ldots, s_e \in \mathbb{N}$ und G eine zu $s_1 Z_p \times \cdots \times s_e Z_{p^e}$ $\mathcal{G}$-isomorphe Gruppe. Für alle $i \in \underline{e}$ gilt $\mid soc_i(G)/soc_{i-1}(G) \mid = p^{s_i + \cdots + s_e}$.$\diamond$

4.3.2.4 Definition und Bemerkung

Seien K ein Körper, G eine Gruppe und $n \in \mathbb{N}$. Für alle nicht-zentralen Konjugiertenklassen C, D von G sei $\overline{C} \sim_n \overline{D}$ durch $\overline{C}^n = \overline{D}^n$ definiert. Dann ist $\sim_n$ eine Äquivalenzrelation auf der Menge der nicht-zentralen Konjugiertenklassen von G.$\diamond$

4.3.2.5 Lemma

Seien p eine Primzahl, $n, r \in \mathbb{N}$, K ein Körper mit $char(K) = p$, G eine p-Gruppe und $L_1, \ldots, L_r$ die Äquivalenzklassen von $\sim_{p^n}$. Es gelte o.B.d.A. $\overline{C}^{p^n} = 0_{KG}$ für alle $C \in L_1$. Dann ist $\langle L_1 \rangle_K \oplus_K \bigoplus_{i=2}^{r} {}_K Aug_{L_i}(\langle L_i \rangle_K)$ der n-te Sockel von $\overline{\mathcal{K}(G)}^*$.

Beweis: Für alle $i \in \underline{r}$ sei $C_i \in L_i$. Ist $z \in \overline{\mathcal{K}(G)}$, so gibt es zu jedem $i \in \underline{r}$ und zu jedem $D_i \in L_i$ ein $k_{D_i} \in K$, so daß

$$(1) \quad z = \sum_{i=1}^{r} \sum_{D_i \in L_i} k_{D_i} \overline{D_i}$$

gilt. Wegen $char(K) = p$ erhalten wir aus (1) die Aussage

$$(2) \quad z^{p^n} = \sum_{i=2}^{r} (\sum_{D_i \in L_i} k_{D_i})^{p^n} \overline{C_i}^{p^n}.$$

Nach (2) ist die Aussage $z^{p^n} = 0_{KG}$ dazu äquivalent, daß für alle $i \in \underline{r} \setminus \{1\}$ die Identität $(\sum_{D_i \in L_i} k_{D_i})^{p^n} = 0_{KG}$ gilt. Aus der Injektivität des Frobeniusmonomorphismus sowie aus Folgerung 2.4.4 ergibt sich die Behauptung.◇

4.3.2.6 Satz

Seien p eine Primzahl, K ein endlicher Körper mit p^k Elementen, G eine p-Gruppe, p^e der Exponent von $\overline{\mathcal{K}(G)}^*$, für alle $i \in \underline{e}$ das Element l_i die Anzahl der Äquivalenzklassen bezüglich $\sim_{p^i}$ und $\overline{\mathcal{K}(G)}^*$ zu $s_1 Z_p \times \cdots \times s_e Z_{p^e}$ $\mathcal{G}$-isomorph. Dann gelten $s_e = k(l_{e-1} - l_e)$, $s_i = k(l_{i-1} - 2l_i + l_{i+1})$ für alle $2 \leq i \leq e-1$ und $s_1 = k(c(G) - |Z(G)| - 2l_1 + 1 + l_2)$.

Beweis: Für alle $i \in \underline{e}$ besitzt der i-te Sockel von $\overline{\mathcal{K}(G)}^*$ nach Lemma 4.3.2.5 die Mächtigkeit $p^{k(c(G) - |Z(G)| - (l_i - 1))}$. Mit Proposition 4.3.2.3 ergeben sich

$s_e = k(l_{e-1} - l_e)$,
$s_i + \cdots + s_e = k(l_{i-1} - l_i)$ für alle $2 \leq i \leq e-1$ und
$s_1 + \cdots + s_e = k(c(G) - |Z(G)| - l_1 + 1)$.

Durch Auflösen dieses Gleichungssytems erhalten wir die Behauptung.◇

4.3.2.7 Bemerkung

Seien p eine Primzahl, K ein Körper mit $char(K) = p$, G eine p-Gruppe, $n \in \mathbb{N}$ und $g, h \in G \setminus Z(G)$. Nach Satz 2.4.8 gilt genau dann $g^G \sim_{p^n} h^G$, wenn entweder $C_G(g) = C_G(g^{p^n})$ und $C_G(h) = C_G(h^{p^n})$ oder $C_G(g) < C_G(g^{p^n})$ und $C_G(h) < C_G(h^{p^n})$ gilt.◇

4.3.2.8 Beispiel

Wie in Beispiel 4.3.1.4 sei K ein Körper mit 2^k Elementen und G die Diedergruppe der Ordnung 16. Seien h, a wie in Beispiel 4.3.1.4. Mit Bemerkung 4.3.2.7 erkennen wir, daß $\{h^G, (h^3)^G\}$ und $\{a^G, (ha)^G, (h^2)^G\}$ die Äquivalenzklassen bezüglich $\sim_{2^1}$ sind. Zudem sind alle nicht-zentralen Klassen bezüglich $\sim_{2^2}$ äquivalent. Mit den Bezeichnungen von Satz 4.3.2.6 gelten also $l_1 = 2$ und $l_2 = 1$, und wir erhalten aus Satz 4.3.2.6: $s_2 = k(2-1) = 1k$ sowie $s_1 = k(5 - 4 + 1 + 1) = 3k$.◇

4.4 Der Klassengraph

Der im Folgenden definierte Graph veranschaulicht in dem Fall einer p-Gruppe G und eines (endlichen) Körpers K mit $char(K) = p$ die Bestimmung der Invarianten und die Ermittlung des Exponenten des Zentrums von $rad(KG)^*$.

4.4.1 Definition und Bemerkung

Seien p eine Primzahl, K ein Körper mit $char(K) = p$ und G eine p-Gruppe. Wir definieren einen gerichteten Graphen, den wir den Klassengraph von G nennen. Seine Eckenmenge sei $\{\overline{g^G} \mid g \in G \setminus Z(G)\} \cup \{0_{KG}\}$, und seine Kantenmenge sei $\{(\overline{g^G}; (\overline{g^G})^p) \mid g \in G \setminus Z(G)\}$. Die Kantenmenge des Klassengraphens können wir mit Hilfe von Satz 2.4.8 ermitteln.◇

4.4.2 Beispiel

Seien K ein Körper mit 2^k Elementen und G die Diedergruppe der Ordnung 32. Seien $h, a \in G$, so daß $o(a) = 2$, $o(h) = 16$ und $h^a = h^{15}$ gelten. Die nicht-zentralen Konjugiertenklassen von G sind a^G, $(ha)^G$ und $(h^i)^G$ für alle $i \in \underline{7}$. Der Klassengraph von G hat nach Satz 2.4.8 die folgende Gestalt:

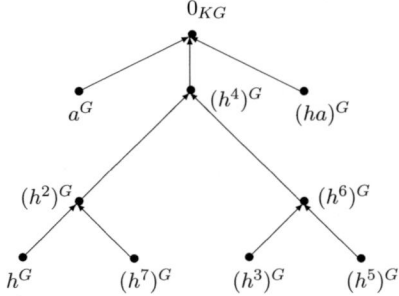

(i) **Die Bestimmung des Exponenten:**

Seien $g \in G \setminus Z(G)$. Dann gibt es genau einen Weg von $\overline{g^G}$ zum Knoten 0_{KG}. Ist n die Länge dieses Weges, so gilt $o(\overline{g^G}) = p^n$. Also besitzt zum Beispiel $\overline{h^G}$ die Ordnung 2^3, und dies ist das Maximum der Menge $\{o(\overline{g^G}) \mid g \in G \setminus Z(G)\}$, also der Exponent von $\overline{\mathcal{K}(G)}^*$ (siehe Proposition 2.4.7 und Beispiele 3.1.2).

(ii) **Die Bestimmung der Invarianten mit Hilfe der Frattini-Reihe:**

Seien $e \in \mathbb{N}$ mit $p^e = max\{o(\overline{g^G}) \mid g \in G \setminus Z(G)\}$ und $n \leq e$. Von jedem Knoten $\neq 0_{KG}$ gibt es genau einen Weg der Länge n. Die Anzahl der von 0_{KG} verschiedenen Endknoten aller dieser Wege ist die Zahl $\overline{k(G)}_{2^n}$. In unserem Beispiel gelten $\overline{k(G)}_{2^0} = 9$, $\overline{k(G)}_{2^1} = 3$, $\overline{k(G)}_{2^2} = 1$ und $\overline{k(G)}_{2^3} = 0$. Benutzen wir die Bezeichnungen von Satz 4.3.1.3, so erhalten wir $s_1 = k(9 - 2 \cdot 3 + 1) = 4k$, $s_2 = k(3 - 2 \cdot 1 + 0) = k$ und $s_3 = k(1 - 2 \cdot 0 + 0) = k$.

(iii) **Die Bestimmung der Invarianten von mit Hilfe der Sockelreihe:**

Seien $e \in \mathbb{N}$ mit $p^e = max\{o(\overline{g^G}) \mid g \in G \setminus Z(G)\}$ und $n \leq e$. Von jedem Knoten $\neq 0_{KG}$ gibt es genau einen Weg der Länge n. Zwei Knoten $\neq 0_{KG}$ sind genau dann bezüglich $\sim_{p^n}$ äquivalent, wenn die Endknoten dieser Wege identisch sind. In unserem Beispiel gibt es $l_1 = 4$ Äquivalenzklassen bezüglich $\sim_{2^1}$ (nämlich $\{h^G, (h^7)^G\}$, $\{(h^3)^G, (h^5)^G\}$, $\{(h^2)^G, (h^6)^G\}$ und $\{a^G, (ha)^G, (h^4)^G\}$), $l_2 = 2$ Äquivalenzklassen bezüglich $\sim_{2^2}$ (nämlich $\{h^g, (h^3)^G, (h^5)^G, (h^7)^G\}$ und $\{a^g, (ha)^G, (h^2)^G, (h^4)^G, (h^6)^G\}$) und $l_3 = 1$ Äquivalenzklasse bezüglich $\sim_{2^3}$. Mit den Bezeichnungen von Satz 4.3.2.6 erhalten wir $s_3 = k(2 - 1) = k$, $s_2 = k(4 - 2 \cdot 2 + 1) = k$ und $s_1 = k(9 - 2 \cdot 4 + 1 + 2) = 4k.\diamond$

4.5 Bestimmung der Invarianten in Beispielen

4.5.1 Der Minimalfall

4.5.1.1 Satz

Seien p eine Primzahl, K ein endlicher Körper mit p^k Elementen und G eine p-Gruppe, so daß für alle $g \in G \setminus Z(G)$ die Ungleichung $C_G(g) < C_G(g^p)$ gelte. Dann ist $Z(rad(KG)^*)$ eine zu $(rad(KZ(G))^*) \times (k(c(G) - \mid Z(G) \mid)Z_p)$ $\mathcal{G}$-isomorphe Gruppe.

Beweis: Nach Teil (iii) von Folgerung 4.1.5 ist $Z(rad(KG)^*)$ zu $rad(KZ(G))^* \times \overline{\mathcal{K}(G)}^*$ $\mathcal{G}$-isomorph. Die abelsche Gruppe $\overline{\mathcal{K}(G)}^*$ besitzt nach Satz 2.4.8 den Exponenten p, und hat nach Definition die Ordnung $p^{k(c(G) - \mid Z(G) \mid)}$, woraus wir die Behauptung erhalten.$\diamond$

4.5.1.2 Beispiele

Seien p eine Primzahl, K ein endlicher Körper mit p^k Elementen und G eine p-Gruppe.

(i) Ist G^p zentral in G, so erfüllt G nach Satz 2.4.8 die Voraussetzungen des Satzes 4.5.1.1. Zum Beispiel ist G^p zentral, falls G eine spezielle oder eine minimal nicht-abelsche p-Gruppe ist (siehe Proposition 3.2.6.1).

(ii) Die regulären p-Gruppen erfüllen nach Satz 2.4.8 und Folgerung 3.2.4 die Voraussetzungen von Satz 4.5.1.1.

(iii) Es sei $Z(G)$ elementar-abelsch und $\mid G' \mid = p$. Nach Teil (ii) von Folgerung 3.2.4 ist $Z(rad(KG)^*)$ elementar-abelsch. Aus [15] erhalten wir, daß jede Konjugiertenklassen von G die Länge p besitzt. Also gibt es genau $\frac{\mid G \mid - \mid Z(G) \mid}{p}$ Konjugiertenklassen der Länge p, und damit gilt $c(G) = \frac{\mid G \mid + (p-1) \mid Z(G) \mid}{p}$. Mit Satz 4.5.1.1 ergibt sich, daß $Z(rad(KG)^*)$ zu $(k^{\frac{\mid G \mid + (p-1) \mid Z(G) \mid - p}{p}})Z_p$ $\mathcal{G}$-isomorph ist.

(iv) Es gelte $Z(G) = G' \cong_{\mathcal{G}} Z_p$. Dann folgt aus (iii), daß $Z(rad(KG)^*)$ eine zu $(k(\frac{\mid G \mid}{p} + p - 2))Z_p$ $\mathcal{G}$-isomorphe Gruppe ist. Die Voraussetzung von (iv) wird zum Beispiel von den extra-speziellen p-Gruppen erfüllt.

(v) Es sei G nicht-abelsch und von der Ordnung p^3. Dann zeigt uns (iv), daß $Z(rad(KG)^*)$ zu $(k(p^2 + p - 2))Z_p$ $\mathcal{G}$-isomorph ist.$\diamond$

4.5.2 Der Maximalfall

Im Folgenden seien p eine Primzahl, K ein Körper mit p^k Elementen und G eine nicht-abelsche p-Gruppe, so daß $exp(Z(rad(KG)^*)) = \frac{|G|}{p^2}$ gilt. Es sei daran erinnert, daß nach Folgerung 2.5.3 $\frac{|G|}{p^2}$ der maximal mögliche Wert für $exp(Z(rad(KG)^*))$ ist. Aus Satz 3.1.6 erhalten wir, daß entweder $exp(Z(G)) = \frac{|G|}{p^2}$ gilt oder G eine zyklische maximale Untergruppe besitzt.⋄

4.5.2.1 Der Fall $exp(Z(G)) = \frac{|G|}{p^2}$

Sei $n \in \mathbb{N}_{\geq 3}$ mit $\mid G \mid = p^n$. Aus $\mid Z(G) \mid = p^{n-2}$ erhalten wir, daß jede nicht-zentrale Konjugiertenklasse von G die Länge p besitzt. Deren Anzahl beträgt somit $\frac{|G| - |Z(G)|}{p} = p^{n-1} - p^{n-3}$. Da $G/Z(G)$ nicht zyklisch ist, gilt $G^p \subseteq Z(G)$, und aus Satz 2.4.8 ergibt sich, daß $\overline{\mathcal{K}(G)}^*$ elementar-abelsch und von der Ordnung $p^{k(p^{n-1}-p^{n-3})}$ ist. Wegen $Z(G) \cong_\mathcal{G} Z_{p^{n-2}}$ erhalten wir mit Satz 4.2.1.4 und mit Teil (iii) von Folgerung 4.1.5 die folgende Zerlegung von $Z(rad(KG)^*)$ in zyklische p-Gruppen:

$$(k(p-1))Z_{p^{n-2}}$$
$$\times (kp^{i-3}(p-1)^2)Z_{p^{n-i}} \text{ (für alle } i \in \underline{n-3} \setminus \underline{2})$$
$$\times (k(p^{n-4}(p-1)^2 + p^{n-1} - p^{n-3}))Z_p.$$

Wir untersuchen nun den Fall, daß G eine zyklische maximale Untergruppe besitzt. Den Seiten 98 und 99 in [27] können wir entnehmen, daß G eine Diedergruppe, eine Semidiedergruppe, eine Quaternionengruppe oder die Gruppe aus Teil (a) oder Teil (d) des Satzes 5.3.2 aus [27] ist. Man überlegt sich leicht, daß die beiden letzten Gruppentypen sich dem Fall 4.5.2.1 unterordnen.⋄

4.5.2.2 Dieder-, Semidieder- und Quaternionengruppen

Wir betrachten zunächst die Dieder- und Quaternionengruppen.
Seien $p = 2$, $n \in \mathbb{N}_{\geq 3}$ und $h, a \in G$, so daß $G = \langle h, a \rangle_\mathcal{G}$, $o(h) = 2^{n-1}$, $o(a) = 2$ und $h^a = h^{-1}$ gelten. Die Konjugiertenklassen von G sind $\{1_G\}$, $\{h^{2^{n-2}}\}$, a^G, $(ha)^G$ und $\{h^r, h^{-r}\}$ für $r \in \underline{2^{n-2}-1}$. Insgesamt gibt es also $2^{n-2}+1$ nicht-zentrale Konjugiertenklassen. Aus Satz 4.2.1.4 erhalten wir $rad(KZ(G))^* \cong_\mathcal{G} kZ_2$. Nun betrachten wir die Gruppe $\overline{\mathcal{K}(G)}^*$. Den Beispielen 3.1.2 entnehmen wir, daß der Exponent dieser Gruppe 2^{n-2} ist. Sei $i \in \underline{n-2}$. Ist G ein Diedergruppe, so sind a, ha Involutionen, im anderen Fall sind a, ha Elemente der Ordnung vier, deren Quadrate zentral in G sind. Daher gilt nach Satz 2.4.8 $(\overline{a^G})^{2^i} = 0_{KG} = (\overline{(ha)^G})^{2^i}$. Sei $r \in \underline{2^{n-2}-1}$. Dann sind h^r und h^{-r} vertauschbar, woraus wir $(h^r + h^{-r})^{2^i} = h^{2^i r} + h^{-2^i r}$ erhalten. In dem Normalteiler $\langle h^{2^i} \rangle_\mathcal{G}$ sind

genau $2^{n-i-2} - 1$ nicht-zentrale Konjugiertenklassen von G enthalten. Also gelten $\overline{k(G)}_{2^i} = 2^{n-i-2} - 1$ und $\overline{k(G)}_{2^0} = 2^{n-2} + 1$. Für alle $i \in \underline{n-2}_|$ sei s_i die Anzahl der zu Z_{2^i} $\mathcal{G}$-isomorphen direkten Faktoren in einer direkten Zerlegung von $\overline{\mathcal{K}(G)}^*$. Aus Satz 4.3.1.3 erhalten wir $(s_{n-2}, s_{n-3}, s_{n-4}, s_{n-5}, \ldots, s_2, s_1) = k(1, 1, 2^1, 2^2, \ldots, 2^{n-5}, 2^{n-4} + 2)$. Ist nun für alle $i \in \underline{n-2}_|$ das Element t_i die Anzahl der zu Z_{2^i} $\mathcal{G}$-isomorphen direkten Faktoren in einer direkten Zerlegung von $Z(rad(KG)^*)$, so erhalten wir aus Teil (iii) von Folgerung 4.1.5: $(t_{n-2}, t_{n-3}, t_{n-4}, t_{n-5}, \ldots, t_2, t_1) = k(1, 1, 2^1, 2^2, \ldots, 2^{n-5}, 2^{n-4} + 3)$.

Nun betrachten wir die Semidiedergruppen.
Seien $h, a \in G$, so daß $G = \langle h, a \rangle_{\mathcal{G}}$, $o(h) = 2^{n-1}$, $o(a) = 2$ und $h^a = h^{-1}h^{2^{n-2}}$ gelten. Es sei $z := h^{2^{n-2}}$. Dann ist $Z(G) = \langle z \rangle_{\mathcal{G}}$, und für alle $r \in \mathbb{N}$ gilt $(h^r)^a = h^{-1}z^r$. Die Konjugiertenklassen von G sind $\{1_G\}$, $\{z\}$, a^G, $(ha)^G$ und $\{h^r, h^{-r}z^r\}$ für alle $r \in \underline{2^{n-2} - 1}_|$. Wegen $z^2 = 1_G$ ist das Zentrum von G zu Z_2 $\mathcal{G}$-isomorph. Sei $i \in \underline{n-2}_|$. Aus $a^2 = 1_G$ und $(ha)^2 = z \in Z(G)$ ergibt Satz 2.4.8, daß $\overline{(a^G)^{2^i}} = 0_{KG} = \overline{((ha)^G)^{2^i}}$ gilt. Ist $r \in \underline{2^{n-2} - 1}_|$, so gilt wegen $z^2 = 1_G$ $(h^r + h^{-r}z^{-r})^{2^i} = h^{2^i r} + h^{-2^i r}$. Somit sind die Invarianten von $Z(rad(KG)^*)$ dieselben wie im obigen Fall.◇

4.6 Offene Fragen und Übungsaufgaben

Offene Fragen 4 *(i) Wie verhält sich das Zentrum des Radikals von KG bzgl. $*$ unter Gruppenkonstruktionen wie das Kranzprodukt, beliebige Erweiterungen, das direkte Produkt mit vereinigten Zentren oder das direkte Produkt mit vereinigter Faktorgruppe?*

(ii) Wie verhalten sich die Invarianten des Zentrums des Radikals von KG bzgl. $*$ in Bezug auf Lückenlosigkeit, Monotonie und strenge Monotonie?

Übungsaufgabe 104 *Man beweise Bemerkung 4.2.2.4.*

Übungsaufgabe 105 *Man führe das Beispiel 4.1.1 für Q_{16} durch.*

Übungsaufgabe 106 *Man führe das Beispiel 4.1.1 für SD_{16} durch.*

Übungsaufgabe 107 *Man führe das Beispiel 4.1.1 für eine p-Gruppe der Ordnung p^3 durch.*

Übungsaufgabe 108 *Man schlage in der Literatur die Klassifikation der p-Gruppen der Ordnung p^4 nach. Anschlissend führe man das Beispiel 4.1.1 für jeden Isomorphietypen durch.*

Übungsaufgabe 109 *Man schlage in der Literatur die Klassifikation der p-Gruppen der Ordnung p^4 nach. Anschliessend bestimme man für jeden Isomorphietypen P den Exponenten und die Invarianten von $Z(rad(KP))^*$. Dabei sei K ein Körper der Ordnung p^k. Welchen Einfluss hat der Körper auf den Exponenten, welchen die Gruppe G? Gibt es weitere Faktoren, die diese beiden Grössen beeinflussen? Wie ist die Antwort für die Invarianten? Man benutze Übung 108 sowie die Hauptaussagen dieses Kapitels sowie von Kapitel 3!*

Übungsaufgabe 110 *Man wende den Satz 4.1.4 auf jede Untergruppe von Q_{16} an.*

Übungsaufgabe 111 *Man wende den Satz 4.1.4 auf jede Untergruppe von D_{16} an.*

Übungsaufgabe 112 *Man wende den Satz 4.1.4 auf jede Untergruppe von SD_{16} an.*

Übungsaufgabe 113 *Seien p eine Primzahl, G eine p-Gruppe und K ein endlicher Körper der Charakteristik p. Inwiefern ist die Struktur der Einheitengruppen kommutativer Gruppenalgebren für die Struktur von $Z(rad(KG))^*$ von Bedeutung?*

Übungsaufgabe 114 *Man bestimme die in Definition 4.1.6 beschriebenen K-Räume und deren Dimension für eine Gruppe der Ordnung 3^3 und $K = GF(3^2)$.*

Übungsaufgabe 115 *Seien p eine Primzahl, G eine abelsche p-Gruppe und K ein endlicher Körper der Charakteristik p. Man ermittle die Invarianten von $rad(KG)^*$ in den folgenden Fällen:*

(i) $p = 2, 3, 5$, $G = Z_p$, $K = GF(p)$

(ii) $p = 3$, $G = Z_3 \times Z_9 \times Z_{81}$, $K = GF(3^2)$

(iii) $p = 5$, $G = Z_{25} \times Z_{25}$

(iv) $p = 2$, $G = 7Z_2 \times 11Z_{2^4}$, $K = GF(4)$

(v) $p = 7$, $G = 7Z_7 \times 7Z_{7^2} \times 7Z_{7^3}$.

Übungsaufgabe 116 *Sind die Invarianten in Übung 115 lückenlos? Sind sie monoton? Sind sie streng monoton? Man bestimme jeweils den Sockel und den Rang!*

Übungsaufgabe 117 *In Übung 115 ermittle man ein Komplement von G in $rad(KG)^*$.*

Übungsaufgabe 118 *Seien p eine Primzahl, G, H abelsche p-Gruppen und K ein endlicher Körper der Charakteristik p. Wie kann man mit Hilfe der Invarianten von rad(KG)* und rad(KH)* die von rad(K(G × H))* ermitteln? Lassen sie sich ggfs. anders berechnen? Was gilt für H = G?*

Übungsaufgabe 119 *Man wende die Ergebnisse von Übung 118 auf die Gruppen in Übung 115 an, in dem man direkte Produkte der Gruppen zur gleichen Primzahl (auch die Gruppe mit sich selbst) betrachtet!*

Übungsaufgabe 120 *Seien p eine Primzahl, n, k, r ∈ ℕ, G eine abelsche p-Gruppe und K ein endlicher Körper der Charakteristik p. Man berechne die Invarianten von rad(KG)* in den folgenden Fällen:*

(i) $G = pZ_p \times p^2 Z_{p^2} \times \cdots \times p^n Z_{p^n}$, $K = GF(p^k)$

(ii) $G = pZ_p \times p^2 Z_{p^2} \times \cdots \times p^n Z_{p^n}$, $K = GF(p^n)$

(iii) $G = pZ_p \times p^2 Z_{p^2} \times \cdots \times p^n Z_{p^n}$, $K = GF(p)$

(iv) $G = pZ_p \times pZ_{p^2} \times \cdots \times pZ_{p^n}$, $K = GF(p^k)$

(v) $G = pZ_p \times pZ_{p^2} \times \cdots \times pZ_{p^n}$, $K = GF(p^n)$

(vi) $G = pZ_p \times pZ_{p^2} \times \cdots \times pZ_{p^n}$, $K = GF(p)$

(vii) $G = p^r Z_{p^n}$, $K = GF(p^k)$

(viii) $G = p^p Z_{p^p}$, $K = GF(p^p)$

(ix) $G = r Z_{p^n}$, $K = GF(p^k)$.

Übungsaufgabe 121 *Seien p eine Primzahl, G eine abelsche p-Gruppe und K ein endlicher Körper der Charakteristik p. Sind die Invarianten von rad(KG)* stets lückenlos, monoton oder streng monoton?*

Übungsaufgabe 122 *Für G ∈ {D₈, Q₈, SD₁₆} und K = GF(2) ermittle man ein Komplement von Z(G) in Z(1 + rad(KG)).*

Übungsaufgabe 123 *Man beweise Satz 4.2.4 explizit.*

Übungsaufgabe 124 *Seien p eine Primzahl, G eine abelsche p-Gruppe und K ein endlicher Körper der Charakteristik p. Wir nennen rad(KG)* homogen, wenn die Invarianten alle identisch sind. Gibt es Beispiele hierzu? Welche Gruppen G kommen dafür genau in Frage? Hat der Körper Einfluß auf diese Frage?*

Übungsaufgabe 125 *Seien p eine Primzahl, G eine abelsche p-Gruppe und K ein endlicher Körper der Charakteristik p. Wir nennen $rad(KG)^*$ homogen, wenn die Invarianten alle identisch sind. Vererbt sich diese Eigenschaft, wenn man statt G nun $G \times G$, G/N oder N für einen Normalteiler von G betrachtet?*

Übungsaufgabe 126 *Man beweise Proposition 4.3.2.3.*

Übungsaufgabe 127 *Seien $k \in \mathbb{N}$ und K ein endlicher Körper mit 2^k Elementen. Für die folgenden 2-Gruppen G ermittle man die Zerlegung von $Z(rad(KG)^*)$ mit Hilfe der Frattini-Reihe und veranschauliche die Berechnung am Klassengraphen:*

(i) $G = D_{64}$

(ii) $G = Q_{32}$

(iii) $G = SD_{16}$

(iv) $G = Z_{128}$.

Welchen Einfluss hat der Körper auf die Invarianten? Ist die Zerlegung monoton, streng-monton oder lückenlos? Was ist der Exponent, was der Sockel und was der Rang?

Übungsaufgabe 128 *Seien $k \in \mathbb{N}$ und K ein endlicher Körper mit 2^k Elementen. Für die folgenden 2-Gruppen G ermittle man die Zerlegung von $Z(rad(KG)^*)$ mit Hilfe der Sockel-Reihe und veranschauliche die Berechnung am Klassengraphen:*

(i) $G = D_{64}$

(ii) $G = Q_{32}$

(iii) $G = SD_{16}$

(iv) $G = Z_{128}$.

Welchen Einfluss hat der Körper auf die Invarianten? Ist die Zerlegung monoton, streng-monton oder lückenlos? Was ist der Exponent, was der Sockel und was der Rang?

Übungsaufgabe 129 *Man überlege sich, wie man die Invarianten von $rad(KG)^*$ für eine abelsche p-Gruppe G und einen endlichen Körper der Charakteristik p auch mit Hilfe eines Graphen darstellen und berechnen kann. (Tip: p-Potenzstruktur veranschaulichen)*

114

Übungsaufgabe 130 *Seien K ein Körper mit 2 Elementen, $G \in \{Q_{16}, D_{32}, SD_{64}\}$, U eine Untergruppe und N ein Normalteiler von G. Man bestimme die Ordnungen folgender Elemente in (geeigneten Gruppen):*

(i) $\overline{G}$

(ii) $\overline{U}$

(iii) $\overline{N}$

(iv) $\overline{G/N}$

(v) $\overline{c}$ *für jede Konjugiertenklasse von G*

(vi) $\overline{g^G}$ *für eine Involution $g \in G$*

(vii) $\overline{\displaystyle\bigcup_{c \in \mathcal{K}(G), |c|=2} c}$

(viii) $\overline{\displaystyle\bigcup_{c \in \mathcal{K}(G), |c|=4} c}$

(ix) $\overline{\displaystyle\bigcup_{c \in \mathcal{K}(G), |c|=8} c}$

(x) $\overline{\displaystyle\bigcup_{c \in \mathcal{K}(G), |c|=16} c}$

(xi) $\overline{\displaystyle\bigcup_{c \in \mathcal{K}(G), |c|\leq 2} c}$

(xii) $\overline{\displaystyle\bigcup_{c \in \mathcal{K}(G), |c|\leq 4} c}$

(xiii) $\overline{\displaystyle\bigcup_{c \in \mathcal{K}(G), |c|\leq 8} c}$

(xiv) $\overline{\displaystyle\bigcup_{c \in \mathcal{K}(G), |c|\leq 16} c}$

(xv) $\overline{\displaystyle\bigcup_{c \in \mathcal{K}(G), |c|\geq 2} c}$

(xvi) $\overline{\displaystyle\bigcup_{c \in \mathcal{K}(G), |c|\geq 4} c}$

(xvii) $\overline{\displaystyle\bigcup_{c \in \mathcal{K}(G), |c|\geq 8} c}$

(xviii) $\overline{\displaystyle\bigcup_{c \in \mathcal{K}(G), |c|\geq 16} c}$

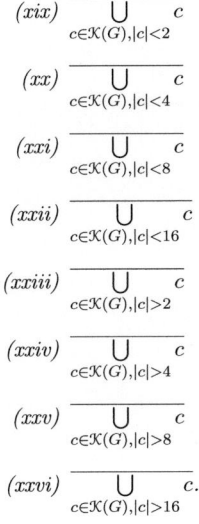

(xix) $\overline{\displaystyle\bigcup_{c\in\mathcal{K}(G),|c|<2} c}$

(xx) $\overline{\displaystyle\bigcup_{c\in\mathcal{K}(G),|c|<4} c}$

(xxi) $\overline{\displaystyle\bigcup_{c\in\mathcal{K}(G),|c|<8} c}$

$(xxii)$ $\overline{\displaystyle\bigcup_{c\in\mathcal{K}(G),|c|<16} c}$

$(xxiii)$ $\overline{\displaystyle\bigcup_{c\in\mathcal{K}(G),|c|>2} c}$

$(xxiv)$ $\overline{\displaystyle\bigcup_{c\in\mathcal{K}(G),|c|>4} c}$

(xxv) $\overline{\displaystyle\bigcup_{c\in\mathcal{K}(G),|c|>8} c}$

$(xxvi)$ $\overline{\displaystyle\bigcup_{c\in\mathcal{K}(G),|c|>16} c}.$

Hat eine Veränderung der Körpergröße Einfluss auf die Berechnungen?

Übungsaufgabe 131 *Wie sieht der Klassengraph für die Quaternionen-gruppe, die Semidiedergruppe und die Diedergruppe aus?*

Übungsaufgabe 132 *Wie sieht der Klassengraph für eine p-Gruppe G aus, deren Zentrum den Exponenten $\frac{|G|}{p^2}$ besitzt?*

Übungsaufgabe 133 *Was lässt sich über das Zentrum des Radikals von KG bzgl. $*$ für die folgenden p-Gruppen aussagen? Dabei sei $K = GF(p)$.*

(i) $G^3 \le Z(G)$, $|G| = 3^9$

(ii) G ist eine extra-spezielle p-Gruppe.

(iii) G ist eine spezielle 5-Gruppe der Odnung 5^{89}.

(iv) G ist eine minimal nicht-abelsche 7-Gruppe.

(v) Der Kommutator von G hat Ordnung 11, und das Zentrum von G ist eine zyklische Gruppe der Ordnung 11^7.

(vi) Der Kommutator von G stimmt mit dem Zentrum von G überein, und beide sind eine zyklische Gruppe der Ordnung 17.

(vii) G hat die Ordnung 17^3.

(viii) G ist eine reguläre 17-Gruppe der Ordnung 17^{35}.

(ix) $G \in \{D_{2^{11}}, D_{2^{12}}, SD_{2^{11}}, SD_{2^{12}}, Q_{2^{11}}, Q_{2^{12}}\}$

(x) Es gilt $\mid G \mid = 5^{17}$, und der Exponent des Zentrums von G ist $\frac{|G|}{5^2}$.

(xi) eine 37-Sylow-Untergruppe von $GL(3, 37)$

(xii) eine 3-Sylow-Untergruppe von $SL(37, 9)$

(xiii) eine 5-Sylow-Untergruppe von $PGL(3, 5)$

(xiv) eine 17-Sylow-Untergruppe von $PSL(8, 17)$

(xv) eine nicht-abelsche 7-Gruppe vom Typ 2 mit $r = 3, s = 5$

(xvi) eine nicht-abelsche 2-Gruppe vom Typ 3 mit $r = 3, s = 5$

(xvii) eine nicht-abelsche 7-Gruppe vom Typ 3 mit $r = 3, s = 5$

(xviii) eine beliebige p-Sylow-Untergruppe von $S_3, A_3, S_4, A_4, S_5, A_5, S_6$

(xix) $G = Z_3 \wr Z_3$

(xx) $G = Z_2 \wr Z_2$

(xxi) $G = Z_p \wr Z_p$

(xxii) $G = Z_p \wr Z_p \wr \cdots \wr Z_p$

(xxiii) $G = Z_p \wr A$, A eine abelsche p-Gruppe

(xxiv) $G = Z_p \wr H$, H eine p-Gruppe

(xxv) $G = E \wr H$, E eine elementar-abelsche und H eine beliebige p-Gruppe.

Welchen Einfluss hat die Körpergrösse auf die Antworten?

Übungsaufgabe 134 *Seien K ein endlicher Körper der Charakteristik p und G, H endliche p-Gruppen. Man ermittle ein Verfahren, wie man die Invarianten von $Z(rad(K(G \times H)))^*$ bestimmen kann. Was haben diese mit denen von $Z(rad(KG))^*$ und $Z(rad(KH))^*$ gemeinsam?*

Übungsaufgabe 135 *Man wende die Übungsaufgabe 134 auf folgende Gruppen an:*

(i) $G \times G$

(ii) G^n mit $n \in \mathbb{N}$

(iii) $Q_8 \times D_{16}$

(iv) $D_{16} \times SD_{32}$

(v) $P \times P$, *wobei P die Ordnung p^3 hat*

(vi) $D_{16} \times Z_{2^4}$

(vii) $G \times H$, *wobei G oder H abelsch ist*

Übungsaufgabe 136 *Seien p eine Primzahl, K ein endlicher Körper der Charakteristik p und G eine endliche p-Gruppe, für die jede abelsche Untergruppe zyklisch ist. Man verwende Kapitel 3 (und gebe für jede der dort aufgeführten Isomorphietypen ein konkretes Beispiel an), um die Invarianten von $Z(rad(KG))^*$ zu ermitteln.*

Übungsaufgabe 137 *Seien p eine Primzahl, K ein endlicher Körper der Charakteristik p und G eine endliche p-Gruppe, für die jeder abelsche Normalteiler mit 2 Elementen erzeugbar ist. Man verwende Kapitel 3 (und gebe für jede der dort aufgeführten Isomorphietypen ein konkretes Beispiel an), um die Invarianten von $Z(rad(KG))^*$ zu ermitteln.*

118

Kapitel 5

Konsequenzen für ausgewählte Typen von Einheitengruppen

5.1 Einheitengruppen mit zyklischer Ableitung

Wir benötigen zunächst einige Hilfsaussagen. Die erste beschreibt das Radikal der modularen Gruppenalgebra für eine zyklische p-Gruppe.

5.1.1 Proposition

Seien p eine Primzahl, K ein Körper mit $char(K) = p$ und G eine p-Gruppe. Gibt es ein $z \in G$ mit $G = \langle z \rangle_{\mathcal{G}}$, so gilt $rad(KG) = (z - 1_G)KG$.

Beweis: Aus Satz 1.1.21 erhalten wir $z - 1_G \in rad(KG)$, und damit ist $(z-1_G)KG$ in $rad(KG)$ enthalten. Sei $n \in \mathbb{N}$, so daß $o(z) = p^n$ gelte. Eine erneute Anwendung von Satz 1.1.21 zeigt $rad(KG) = \langle \{ z^i - 1_G \mid i \in \underline{n-1} \} \rangle_K$. Ist $i \in \underline{n-1}$, so ergibt sich mit Hilfe der geometrischen Summenformel die Gleichung $z^i - 1_G = (z - 1_G) \sum_{k=0}^{i-1} z^k$. Somit ist für jedes $i \in \underline{n-1}$ das Element $z^i - 1_G$ in $(z - 1_G)KG$ enthalten.$\diamond$

5.1.2 Bemerkung

Seien A eine assoziative unitäre K-Algebra und $a \in A$, so daß $Aa = aA$ gilt. Eine leichte Induktion zeigt uns für alle $n \in \mathbb{N}$ die Gleichungskette $(Aa)^n = Aa^n = a^n A = (aA)^n.\diamond$

Wir benutzen nun Proposition 5.1.1, um Aussagen über den Exponenten der Frattini-Gruppe und der Ableitung der Einheitengruppe modularer Gruppenalgebren abzuleiten:

5.1.3 Lemma

Seien p eine Primzahl, K ein Körper mit $char(K) = p$ und G eine p-Gruppe. Es gelten folgende Aussagen:

(i) Ist G' zyklisch, so gilt $exp(G') = exp((rad(KG)^*)')$.

(ii) Ist $\Phi(G)$ zyklisch und K endlich, so haben $\Phi(G)$ und $\Phi(rad(KG)^*)$ denselben Exponenten.

Beweis: Sei $N \in \{G', \Phi(G)\}$, und es existiere ein $z \in N$ mit $N = \langle z \rangle_{\mathcal{G}}$. Nach Proposition 1.1.14 und Satz 1.1.21 gilt $Kern\, p_N = KG\, rad(KN) = rad(KN)\, KG \subseteq rad(KG)$, und aus Proposition 5.1.1 erhalten wir $Kern\, p_N = (z - 1_G)KG = KG(z - 1_G)$. Wegen der Bemerkung 5.1.2 ergibt sich, daß für alle $x \in Kern\, p_N$ $x^{o(z)} = 0_{KG}$ gilt. Also besitzt die Gruppe $(Kern\, p_N)^*$ nach Folgerung 2.4.4 höchstens den Exponenten $o(z)$. Wegen der Proposition 1.1.14 ist die Faktorgruppe $rad(KG)^*/(Kern\, p_N)^*$ zu einer Untergruppe von $rad(K(G/N))^*$ $\mathcal{G}$-isomorph. In dem Fall $N = G'$ ist $rad(K(G/N))^*$ eine abelsche Gruppe, und damit gilt $(rad(KG)^*)' \subseteq Kern\, p_N$. Für $N = \Phi(G)$ und endliches K besitzt die abelsche p-Gruppe $rad(K(G/N))^*$ nach Satz 4.2.1.4 den Exponenten p. Somit ist in diesem Fall $\Phi(rad(KG)^*)$ ebenfalls in $Kern\, p_N$ enthalten, und daraus folgt die Behauptung.$\diamond$

5.1.4 Satz

Seien p eine Primzahl, K ein Körper mit $char(K) = p$ und G eine p-Gruppe. Genau dann ist $(rad(KG)^*)'$ zyklisch, wenn G abelsch ist.

Beweis: Sei $(rad(KG)^*)'$ zyklisch. Dann ist $G' - 1_G = ((G - 1_G)^*)'$ als Untergruppe von $(rad(KG)^*)'$ zyklisch. Aus Lemma 5.1.3 erhalten wir, daß $G' - 1_G$ und $(rad(KG)^*)'$ denselben Exponenten besitzen. Da beide Gruppen zyklisch sind, stimmen sie überein, und folglich liegt $G - 1_G$ oberhalb von $(rad(KG)^*)'$. Somit ist $G - 1_G$ ein Normalteiler von $rad(KG)^*$, und aus Folgerung 1.2.4 ergibt sich die Behauptung.$\diamond$

Für ungerade Primzahlen kann der Satz 5.1.4 auch folgendermaßen eingesehen werden:

5.1.5 Anmerkung

Seien p eine Primzahl, K ein Körper mit p Elementen und G eine p-Gruppe. Nach [9] ist $Z_p \wr Z_p$ in $E(KG)$ involviert (D.h., es gibt eine Untergruppe U von $E(KG)$ und einen Normalteiler N von U, so dass $Z_p \wr Z_p$ zu U/N isomorph ist.). Die Gruppe $Z_p \wr Z_p$ ist nicht regulär und besitzt daher für $p \neq 2$ keine zyklische Ableitung.$\diamond$

5.1.6 Folgerung

Sind p eine Primzahl, K ein Körper mit $char(K) = p$ und G eine p-Gruppe, so ist $rad(KG)^*$ genau dann metazyklisch, wenn $\mid K \mid = \mid G \mid = 2$ gilt.

Beweis: Diese Folgerung ergibt sich aus Satz 5.1.4 und Folgerung 4.2.2.7.◇

5.1.7 Folgerung

Sind p eine Primzahl, K ein endlicher Körper mit $char(K) = p$ und G eine p-Gruppe, so ist $\Phi(rad(KG)^*)$ genau dann zyklisch, wenn G elementar-abelsch ist oder $\mid K \mid = 2$ gilt und ein $n \in \mathbb{N}_0$ existiert, so daß $G \cong_{\mathcal{G}} Z_4 \times \underbrace{Z_2 \times \cdots \times Z_2}_{n-mal}$ gilt.

Beweis: Nach Satz 5.1.4 ist $\Phi(rad(KG)^*)$ genau dann zyklisch, wenn G abelsch und $(rad(KG)^*)^p$ zyklisch ist. Wegen der Bemerkung 4.2.1.3 ist dies dazu äquivalent, daß G abelsch und $rad(KG^p)^*$ zyklisch ist. Aus Folgerung 4.2.2.7 erhalten wir, daß letztere Aussage genau dann erfüllt ist, wenn G elementar-abelsch ist oder $\mid K \mid = 2 = \mid G^2 \mid$ gilt. Daraus ergibt sich offensichtlich die Behauptung.◇

5.1.8 Anmerkung

Im Folgenden seien p eine Primzahl, K ein Körper mit $char(K) = p$ und G eine nicht-abelsche p-Gruppe.

In [23] wird von A. Shalev bewiesen, daß $rad(KG)^*$ für $p \geq 5$ nicht metabelsch ist. Einige Jahre später zeigen D.B. Coleman und D.S. Passman in [10], daß für $p = 3$ bzw. für $p = 2$ $rad(KG)^*$ genau dann metabelsch ist, wenn $\mid G' \mid = 3$ bzw. G' zentral in G und zu einer Untergruppe der Kleinschen Vierergruppe $\mathcal{G}$-isomorph ist.

Dieselbe Anwort erhalten F. Levin und G. Rosenberger in [17] auf die Frage, wann die Lie-Algebra $rad(KG)^\circ$ metabelsch ist.

Diese Parallelität wird durch einen Satz von B. Amberg und Y. Sysak in [2] erklärt: Für einen Radikalring R ist R^* genau dann metabelsch, wenn R° metabelsch ist.

Wir geben eine Beweisalternative dafür an, daß $rad(KG)^\circ$ **und damit auch** $rad(KG)^*$ **für** $p \geq 5$ **nicht metabelsch ist:**

Seien $a, b \in G$ mit $ab \neq ba$. Aus $(a \circ b) \circ (a^{-1} \circ b) = 0_{KG}$, erhalten wir

(1) $aba^{-1}b + baba^{-1} + a^{-1}b^2a - ab^2a^{-1} - a^{-1}bab - ba^{-1}ba = 0_{KG}$.

Wegen $ab \neq ba$ und $p \neq 2$ gelten $ba^{-1}ba \neq a^{-1}b^2a$ und $ba^{-1}ba \neq baba^{-1}$.

1.Fall: $ba^{-1}ba = aba^{-1}b$
Aus (1) ergibt sich

(2) $baba^{-1} + a^{-1}b^2a - ab^2a^{-1} - a^{-1}bab = 0_{KG}$.

Wegen $ab \neq ba$ und $p \neq 2$ gilt $a^{-1}b^2a \notin \{ab^2a^{-1}, a^{-1}bab\}$. Nun folgt aber aus (2) schon $p = 2$, was ein Widerspruch ist.

2.Fall: $ba^{-1}ba \neq aba^{-1}b$
In diesem Fall ergibt sich aus (1) und aus $ba^{-1}ba \notin \{a^{-1}b^2a, baba^{-1}, aba^{-1}b\}$ die Bedingung $p = 3$, was ein Widerspruch ist.⋄

Aus den Ergebnissen dieses Abschnittes leiten wir ab:

Folgerung 1 *Seien p eine Primzahl, K ein endlicher Körper der Charaktersitik p und G eine nicht-abelsche p-Gruppe. Dann gelten folgende Aussagen:*

(i) *Die Ableitung von $rad(KG)^*$ ist nicht zyklisch.*

(ii) *$rad(KG)^*$ ist nicht metazyklisch.*

(iii) *$rad(KG)^*$ besitzt keine zyklische maximale Untergruppe.*

(iv) *$rad(KG)^*$ ist keine Dieder-, Semidieder- oder Quaternionengruppe.*

(v) *Für $p \neq 2$ ist $rad(KG)^*$ nicht regulär.*

(vi) *Die Frattini-Untergruppe von $rad(KG)^*$ ist nicht zyklisch.*

(vii) *$rad(KG)^*$ ist keine extra-spezielle Gruppe.*

(viii) *$rad(KG)^*$ ist für $p \geq 5$ nicht metabelsch.*⋄

5.2 Einheitengruppen mit zyklischer p-Potenzuntergruppe

Die folgende Proposition läßt sich induktiv leicht bestätigen:

5.2.1 Proposition

Sind A eine assoziative K-Algebra und $x, y \in A$, so gelten:

(i) $\forall n \in \mathbb{N} : x \circ \underbrace{y \circ \cdots \circ y}_{n-mal} = \sum_{k=0}^{n} \binom{n}{k}_K (-1_K)^k y^k x y^{n-k}$.

(ii) Ist p eine Primzahl, und gilt $char(K) = p$, so gilt
$$x \circ \underbrace{y \circ \cdots \circ y}_{p-mal} = xy^p - y^p x. \diamond$$

Der folgende Satz fasst einige Aussagen über die Struktur der Einheitengruppe in dem Fall zusammen, dass die Ableitung von G so klein wie möglich ist. Die ersten 6 Aussagen ergeben sich durch Ergebnisse von Shalev, Knoche und Du zu dieser Thematik. Insbesondere ist dabei zu bemerken, dass der Satz von Du es ermöglicht, die Nilpotenzklasse auf die der assoziierten Lie-Algebra zurückzuführen. Dies erlaubt es, Aussagen der assoziierten Lie-Algebra auf die Einheitengruppe zu übertragen (und auch umgekehrt). Die letzte Aussage hat der Autor hinzugefügt, die auf der Proposition 5.2.1 beruht. Der Satz 5.2.2 wird für diesen Abschnitt (aber auch für die kommenden Analysen) von Bedeutung sein. In den Übungen gehen wir noch auf einige weitere Ergebnisse zur Nilpotenzklasse ein, die der Leser sich durch eine Literaturrecherche erarbeiten möge.

5.2.2 Satz

Seien p eine Primzahl, G eine nicht-abelsche p-Gruppe und K ein Körper mit $char(K) = p$. Dann sind äquivalent:

(i) $cl(rad(KG)^*) = p$

(ii) $cl(rad(KG)^\circ) = p$

(iii) Für alle $x, y \in rad(KG)$ gilt $x \circ \underbrace{y \circ \cdots \circ y}_{p-mal} = 0_{KG}$.

(iv) Für alle x in $rad(KG)$ ist x^p zentral in $rad(KG)$.

(v) $\mid G' \mid = p$

(vi) Jede nicht-zentrale Konjugiertenklasse von G hat die Länge p.

(vii) $exp(rad(KG)^*/Z(rad(KG)^*)) = p$

Beweis: Die Äquivalenz der Aussagen (i) und (ii) gilt nach [12], die von (v) und (vi) nach [15], die von (i) und (v) nach [25], die von (iv) und (vii) nach Folgerung 2.4.4 und die von (iii) und (iv) nach Teil (ii) von Proposition 5.2.1. Schließlich zeigt uns [24] die Implikation von (iii) nach (v), und offenbar ist die Implikation von (ii) nach (iii) wahr. $\diamond$

5.2.3 Folgerung

Seien p eine Primzahl, G eine nicht-abelsche p-Gruppe und K ein Körper der Charakteristik p. Ist eine der Aussagen von Satz 5.2.2 erfüllt, so gelten:

(i) $exp(Z(rad(KG)^*)) = exp(Z(G))$

(ii) $exp(G) \mid exp(rad(KG)^*) \mid p \cdot exp(Z(G))$

(iii) Für $H := rad(KG)^*$ gilt $exp(Z(rad(KH)^*)) = exp(Z(rad(KG)^*))$.

Beweis: ad(i): Die Aussage (iv) von Satz 5.2.2 zeigt uns, daß G^p zentral in G ist. Daher folgt (i) aus Satz 2.4.8 und Proposition 2.4.7.

ad(ii): Diese Aussage ergibt sich aus (i) und Teil (vii) von Satz 5.2.2.

ad(iii): Da $(rad(KG)^*)^p$ nach Satz 5.2.2 zentral in $rad(KG)^*$ ist, folgt (iii) aus Satz 2.4.8 und Proposition 2.4.7.$\diamond$

5.2.4 Folgerung

Seien K ein Körper mit $char(K) = 2$ und G eine nicht-abelsche 2-Gruppe, für die $\mid G' \mid = 2$ gilt und $Z(G)$ elementar-abelsch ist. Dann gilt $exp(rad(KG)^*) = 4$.

Beweis: Diese Aussage ergibt sich direkt aus Folgerung 5.2.3.$\diamond$

Ist G eine Gruppe bzw. L eine Lie-Algebra, so sei für alle $n \in \mathbb{N}$ $Z_n(G)$ bzw. $Z_n(L)$ das n-te Zentrum von G bzw. von L. Die folgende Aussage findet sich in spezieller Form für modulare Gruppenalgebren in der Arbeit [3] von A.A. Bovdi wieder. Wiederum ist der Satz von Du hier das entscheidende Hilfsmittel, und er erlaubt es uns, gruppentheoretische Aspekte mit Hilfe von Lie-Theorie zu analysieren.

5.2.5 Satz

Seien A eine K-Radikalalgebra und p eine Primzahl mit $char(K) = p$. Dann gilt für alle $n \in \mathbb{N}$ die Aussage $exp(Z_{n+1}(A^*)/Z_n(A^*)) = p$.

Beweis: Nach [12] stimmen für alle $n \in \mathbb{N}$ die Mengen $Z_n(A^*)$ und $Z_n(A^\circ)$ überein. Für alle $a \in A$ gilt wegen der Folgerung 2.4.4 die Aussage $\underbrace{a * \cdots * a}_{p-mal} = a^p$. Die Behauptung folgt nun leicht aus Proposition 5.2.1.$\diamond$

Der Satz bedeutet insbesondere für unseren Fall der Einheitengruppe der modularen Gruppenalgebra, dass sämtlich Faktorstücke entlang der aufsteigenden Zentralreihe – bis auf das Zentrum selbst – elementar-abelsch ist. Dies beschreibt die Struktur der Einheitengruppe weiter. Die Grösse der elementar-abelschen Faktoren ist dem Autor leider nicht bekannt.

Entscheidend für den Beweis von Satz 5.2.5 ist, daß für eine Radikalalgebra A nach einem Satz von Du ([12]) die aufsteigenden Zentralreihen von A^* und A° „in jedem Schritt" übereinstimmen. Daß ein analoges Theorem für die absteigenden Zentralreihen im Allgemeinen nicht gilt, zeigt:

5.2.6 Bemerkung

Seien p eine Primzahl, G eine nicht-abelsche p-Gruppe und K ein Körper mit $char(K) = p$, so gilt $(rad(KG)^*)' \neq rad(KG) \circ rad(KG)$.

Beweis: Es gilt $rad(KG) \circ rad(KG) = \langle \{g \circ h \mid g, h \in G\} \rangle_K$. Also gibt es eine Teilmenge B von $\{g \circ h \mid g, h \in G\}$, so daß B eine K-Basis von $rad(KG) \circ rad(KG)$ ist. In der Ableitung von $rad(KG)^*$ ist $G' - 1_G$ enthalten. Da G nicht-abelsch ist, gibt es $z \in G'$ mit $z \neq 1_G$. Würde $rad(KG)' = rad(KG) \circ rad(KG)$ gelten, so müßte $z - 1_G$ in $rad(KG) \circ rad(KG)$ enthalten sein. Also wäre $z - 1_G \in \langle B \rangle_K$. Für alle $g, h \in G$ mit $gh = 1_G$ gilt jedoch $g \circ h = 0_{KG} \notin B$, was ein Widerspruch ist.$\diamond$

Nach diesen Vorbereitungen und Exkursen kehren wir zur Hauptfrage dieses Abschnittes zurück.

5.2.7 Bemerkung

Seien p eine Primzahl und K ein Körper mit $char(K) = p$. Für alle $k, l \in K$ gilt wegen $char(K) = p$ genau dann $k^p = l^p$, wenn k und l identisch sind. Insbesondere gilt genau dann $k^p = 1$ für alle $k \in K \setminus \{0_K\}$, wenn K zweielementig ist.$\diamond$

5.2.8 Lemma

Seien p eine Primzahl, K ein Körper mit $char(K) = p$ und G eine p-Gruppe. Ist $(rad(KG)^*)^p$ zyklisch, so gilt $\mid K \mid = 2$ oder $exp(G) \leq p$.

Beweis: Sei $exp(G) \geq p^2$. Dann gibt es ein $g \in G$, so daß $o(g) = p^2$ gilt. Wegen $p = o(g^p) = o(g^p - 1_G) = o((g - 1_G)^p)$ (siehe Folgerung 2.4.4) ist $\langle g^p - 1_G \rangle_\mathfrak{g}$ die einzige Untergruppe der Ordnung p in $(rad(KG)^*)^p$. Sei $k \in K \setminus \{0_K\}$. Es gelten $(k(g - 1_G))^p = k^p(g^p - 1_G) \neq 0_{KG}$ und $(k(g - 1_G))^{p^2} = 0_{KG}$, woraus wir erneut mit Folgerung 2.4.4 die Bedingung $k^p(g^p - 1_G) \in \langle g^p - 1_G \rangle_\mathfrak{g}$ erhalten. Also gibt es ein $i \in \underline{p-1}$, so daß $k^p(g^p - 1_G) = g^{pi} - 1_G$ gilt. Ein Koeffizientenvergleich liefert $k^p = 1_K$, und aus Bemerkung 5.2.7 folgt die Behauptung.$\diamond$

5.2.9 Lemma

Seien p eine ungerade Primzahl, K ein Körper mit $char(K) = p$ und G eine nicht-abelsche Gruppe der Ordnung p^3 und vom Exponenten p. Dann existieren $x, y \in rad(KG)$, so daß $dim_K \langle x^p, y^p \rangle_K = 2$ gilt.

Beweis: (1) Dem Beweis von Satz 14.10 auf Seite 93 in [13] entnehmen wir, daß $a, b, c \in G$ existieren, so daß $G = \langle a, b, c \rangle_{\mathfrak{G}}$, $b^a = bc$, $c^a = c$, $\langle b, c \rangle_{\mathfrak{G}} \cap \langle a \rangle_{\mathfrak{G}} = \langle c \rangle_{\mathfrak{G}} \cap \langle b \rangle_{\mathfrak{G}} = \{1_G\}$ und $\langle c \rangle_{\mathfrak{G}} = \Phi(G) = G' = Z(G)$ gelten. Induktiv bestätigt man leicht, daß für alle $r, s \in \mathbb{N}$: $b^r a^s = a^s b^r c^{sr}$ gilt. Ferner sei angemerkt, daß es zu jedem $g \in G$ genau ein Tripel $(i, j, k) \in \underline{p}^3$ gibt, so daß $g = a^i b^j c^k$ gilt.

(2) Wir definieren $x := a - b$ und $y = (a + b) - (1_G + c)$. Nach Satz 1.1.21 gilt $x, y \in rad(KG)$, und aus $c \in Z(G)$ erhalten wir $x^p = (a - b)^p$ sowie $y^p = (a + b)^p - 2_K \cdot 1_G$.

(3) Für alle $g, h \in G$ und $n \in \mathbb{N}$ gelten die Gleichungen

$$(g + h)^n = \sum_{k=0}^{n} \sum_{\substack{y_i \in \{g,h\} \\ |\{i|i \in \underline{n}, y_i = g\}| = k}} y_1 \ldots y_n \text{ und}$$

$$(g - h)^n = \sum_{k=0}^{n} \sum_{\substack{y_i \in \{g,h\} \\ |\{i|i \in \underline{n}, y_i = g\}| = k}} (-1_K)^{n-k} y_1 \ldots y_n.$$

(4) Wegen (1) gibt es zu jedem $k \in \underline{n}_0$ ein $z_k \in K \langle c \rangle_{\mathfrak{G}}$, so daß

$$\sum_{\substack{y_i \in \{a,b\} \\ |\{i|i \in \underline{p}, y_i = a\}| = k}} y_1 \ldots y_p = a^k b^{p-k} z_k$$

gilt. Mit (3) und wegen $exp(G) = p$ erhalten wir daraus

$$(a - b)^p = \sum_{k=1}^{p-1} a^k b^{p-k} (-1_K)^{p-k} z_k \text{ und } (a + b)^p = \sum_{k=1}^{p-1} a^k b^{p-k} z_k.$$

(5) Wir zeigen $z_1 = \overline{\langle c \rangle_{\mathfrak{G}}}$, woraus sich insbesondere $z_1 \neq 0_{KG}$ ergibt. Ist $i \in \underline{p-1}_0$, so gilt nach (1) die Gleichung $b^i a b^{p-i-1} = ab^{p-1} c^i$, und diese zeigt die Behauptung über z_1.
Zudem beweisen wir, daß auch z_2 von 0_{KG} verschieden ist. Dazu müssen wir

(5a) $\quad \displaystyle\sum_{\substack{y_i \in \{a,b\} \\ |\{i|i \in \underline{p}, y_i = a\}| = 2}} y_1 \ldots y_p = a^2 b^{p-2} z_2$

betrachten. Diese Summe besteht aus $\frac{p(p-1)}{2}$ Summanden. Aus (1) erhalten wir $\displaystyle\sum_{i=0}^{p-2} ab^i ab^{p-2-i} = a^2 b^{p-2} \sum_{i=1}^{p-2} c^i$. Die Anzahl der Summanden dieser

Summe beträgt $p - 1$, und sie sind paarweise verschieden. Wäre $z_2 = 0_{KG}$, so müßte die Summe aus (5a) wegen $char(K) = p$ also mindestens $p(p-1)$ Summanden besitzen, was ein Widerspruch ist.

(6) Nun beweisen wir die Behauptung des Satzes für x und y aus (2). Wir nehmen an, daß es ein $l \in K$ gibt, so daß $lx^p = y^p$ gilt. Aus (4) erhalten wir

$$(6a) \quad \sum_{k=1}^{p-1} a^k b^{p-k} z_k (l(-1_K)^{p-k} - 1) = 0_{KG}.$$

Wegen $p \neq 2$ gibt es ein $k \in \underline{2}$ mit $(-1_K)^{p-k} - 1 \neq 0_K$. Mit (5) erhalten wir daraus, daß ein $k \in \underline{2}$ exisitiert, so daß $a^k b^{p-k} z_k (l(-1_K)^{p-k} - 1) \neq 0_{KG}$ gilt. Insbesondere gibt es ein $r \in \underline{p}$ und ein $t_r \in K$ mit $a^k b^{p-k} t_r c^r (l(-1_K)^{p-k} - 1) \neq 0_{KG}$. Da nach (1) die „$a, b, c$-Darstellung" der Elemente aus G eindeutig ist, unterscheidet sich $a^k b^{p-k} t_r c^r (l(-1_K)^{p-k} - 1)$ von jedem der Summanden der Summe aus (6a). Also kann diese Summe nicht mit 0_{KG} übereinstimmen.⋄

5.2.10 Satz

Seien p eine Primzahl, K ein Körper mit $char(K) = p$ und G eine nicht-abelsche p-Gruppe, so ist $(rad(KG)^*)^p$ nicht zyklisch.

Beweis: Da für jede Gruppe A die Ungleichung $A' \leq A^2$ gilt, können wir aufgrund von Satz 5.1.4 die Bedingung $p \neq 2$ annehmen. In diesem Fall beweisen wir die Behauptung mit Induktion nach der Ordnung von G.

Sei H eine echte Untergruppe von G. Dann ist mit $(rad(KG)^*)^p$ auch $(rad(KH)^*)^p$ und damit nach Induktion auch jede maximale Untergruppe von G zyklisch. Es ist wohlbekannt (siehe etwa [13], S.309, Aufgabe 22), daß nun für die Struktur von G drei verschiedene Fälle eintreten können:

<u>1.Fall:</u> G ist zur Q_8 $\mathcal{G}$-isomorph, was ein Widerspruch zu $p \neq 2$ ist.

<u>2.Fall</u> Es gibt $g, h \in G$ und $a, b \in \mathbb{N}$, so daß u.a. $o(g) = p^a$, $o(h) = p^b$ und $|G| = p^{a+b}$ gelten. Aus $p \neq 2$ und Lemma 5.2.8 erhalten wir $exp(G) = p$, und damit ist G wegen $|G| = p^2$ abelsch, was ein Widerspruch ist.

<u>3.Fall:</u> Es gibt $g, h \in G$ und $a, b \in \mathbb{N}$, so daß u.a. $o(g) = p^a$, $o(h) = p^b$ und $|G| = p^{a+b+1}$ gelten. Aus Lemma 5.2.8 erhalten wir $exp(G) = p$ und damit $|G| = p^3$. Dann hat die Ableitung von G die Ordnung p, und aus Satz 5.2.2 erhalten wir, daß $(rad(KG)^*)^p$ zentral in $rad(KG)^*$ ist. Wegen $|G| = p^3$ ergibt Folgerung 2.5.3, daß $Z(rad(KG)^*)$ den Exponenten p besitzt. Da $(rad(KG)^*)^p$ zyklisch ist, erhalten wir mit Lemma 5.2.9, daß

$\mid (rad(KG)^*)^p \mid = p$ gilt. Sei $x \in rad(KG)$ mit $x^p \neq 0_{KG}$. Ist $k \in K$ mit $k \neq 0_K$, so gilt $(kx)^p = k^p x^p \neq 0_{KG}$. Sind $k, l \in K$ und gilt $k^p x^p = l^p x^p$, so ergibt sich $k^p = l^p$ und damit wegen $char(K) = p$ auch $k = l$. Also müssen $\mid K \mid = p$ und $(rad(KG)^*)^p = Kx^p$ gelten (siehe Folgerung 2.4.4). Insbesondere enthält $(rad(KG)^*)^p$ keinen zwei-dimensionalen K-Teilraum, was ein Widerspruch zu Lemma 5.2.9 ist.◊

5.2.11   Folgerung

Für eine Primzahl p, einen Körper K mit $char(K) = p$ und eine p-Gruppe G sind die folgenden Aussagen äquivalent:

(i) $(rad(KG)^*)^p$ ist zyklisch.

(ii) Entweder ist G elementar-abelsch oder G ist abelsch, und es gelten $p = 2$ sowie $\mid G^2 \mid = \mid K^2 \mid = 2$.

Beweis: Die Folgerung ergibt sich aus Satz 5.2.10, aus Proposition 1.1.14 und aus Folgerung 4.2.2.7.◊

5.2.12   Folgerung

Sind p eine Primzahl, K ein Körper mit $char(K) = p$ und G eine nicht-abelsche p-Gruppe, so gilt $exp(rad(KG)^*) \geq p^2$.

Beweis: Diese Folgerung ergibt sich aus Satz 5.2.10.◊

5.2.13   Folgerung

Sind p eine Primzahl, K ein Körper mit $char(K) = p$ und G eine p-Gruppe. Genau dann ist $rad(KG)^*$ vom Exponenten p, wenn G elementar-abelsch ist.

Beweis: Die Folgerung ergibt sich aus Folgerung 5.2.12 und Proposition 1.1.14.◊

5.2.14   Folgerung

Seien p eine Primzahl, G eine nicht-abelsche p-Gruppe, deren Zentrum elementar-abelsch ist und K ein Körper der Charakteristik p. Ist eine der Aussagen von Satz 5.2.2 erfüllt, so gelten:

(i) $exp(Z(rad(KG)^*)) = p$

(ii) $exp(rad(KG)^*) = p^2$

(iii) Für $H := rad(KG)^*$ gilt $exp(Z(rad(KH)^*)) = p$.

Beweis: Die Folgerung ergibt sich aus den Folgerungen 5.2.12 und 5.2.3.◊

5.3 Einheitengruppen im Falle extra-spezieller 2-Gruppen

5.3.1 Bemerkung

Seien p eine Primzahl und G eine p-Gruppe mit $\mid G' \mid = p$. Dann gilt für alle $g \in G \setminus Z(G) : g^G = gG'.\diamond$

5.3.2 Lemma

Sind K ein Körper mit $char(K) = 2$, G eine 2-Gruppe und $z \in G \setminus \{1_G\}$ mit $G' = Z(G) = \{1_G, z\}$, so gelten:

(i) $KG(z + 1_G)$ ist eine Zero-Algebra.

(ii) $rad(KG) \circ rad(KG) = \langle\{\overline{g^G} \mid g \in G \setminus Z(G)\}\rangle_K$

(iii) $Z(rad(KG)) = (z + 1_G)KG = KG(z + 1_G) = Kern\, p_{Z(G)}$

(iv) $Z(rad(KG))$ ist die $\mathcal{A}_1$-Ableitung von KG.

Beweis: ad(i): Es gilt $(z + 1_G)^2 = z^2 + 1_G = 1_G + 1_G = 0_{KG}$.

ad(ii): Sei $g \in G \setminus Z(G)$. Dann gibt es ein $h \in G$, so daß $g \neq g^h$ gilt. Aus Bemerkung 5.3.1 erhalten wir $g^G = \{g, g^h\}$. Wegen $(h^{-1}g + 1_G) \circ (h + 1_G) = (h^{-1}g) \circ h = g^h + g$ und Satz 1.1.21 ergibt sich $\overline{g^G} \in rad(KG) \circ rad(KG)$.
Nach Satz 1.1.21 gilt $rad(KG) \circ rad(KG) = \langle g \circ h \mid g, h \in G\rangle_K$. Seien $g, h \in G$ mit $gh \neq hg$. Aus $g^{-1}h^{-1}(g \circ h) = [g, h] + 1_G = z + 1_G$ erhalten wir $g \circ h = hgz + hg$. Ist hg zentral in G, so gilt $g \circ h = 0_{KG}$. Im anderen Fall ergibt sich mit Bemerkung 5.3.1 die Gleichung $g \circ h = \overline{(hg)^G}$. Also gilt jedenfalls $g \circ h \in \langle\{\overline{g^G} \mid g \in G \setminus Z(G)\}\rangle_K$.

ad(iii),(iv): Aus den Propositionen 5.1.1 und 1.1.14 ergibt sich $Kern\, p_{Z(G)} = KG(KZ(G)(z + 1_G)) = KG(z + 1_G) = (z + 1_G)KG$. Wegen der Proposition 1.3.9 gilt $Z(rad(KG)) = Aug(KZ(G)) \oplus_K \langle\{\overline{g^G} \mid g \in G \setminus Z(G)\}\rangle_K$. Offenbar ist $Aug(K(Z(G)) = K(z + 1_G)$ in $KG(z + 1_G)$ enthalten. Sei $g \in G \setminus Z(G)$. Nach Bemerkung 5.3.1 gilt $\overline{g^G} = g + gz = g(z + 1_G) \in KG(z + 1_G)$. Insgesamt erhalten wir $Z(rad(KG)) \subseteq KG(z + 1_G)$. Sei $g \in G$. Dann gilt $g(1_G + z) = g + gz$. Ist g nicht zentral in G, so ergibt sich aus Bemerkung 5.3.1 die Gleichung $g + gz = \overline{g^G}$. Im anderen Fall erhalten wir wegen $z^2 = 1_G$ die Beziehung $g + gz = 1_G + z$. Somit gilt $KG(1_G + z) \subseteq Z(rad(KG))$, und wir haben $Z(rad(KG)) = (z + 1_G)KG = KG(z + 1_G) = Kern\, p_{Z(G)}$ bewiesen. Insbesondere ist $Z(rad(KG))$ ein Ideal von KG. Es genügt also wegen (ii) zu zeigen, daß $1_G + z$ in dem kleinsten $rad(KG) \circ rad(KG)$ enthaltenen Ideal von KG liegt. Sind $g, h \in G$ mit $gh \neq hg$, so zeigt uns die Gleichung $g^{-1}h^{-1}(g \circ h) = [g, h] + 1_G = z + 1_G$ die Behauptung.$\diamond$

5.3.3 Satz

Sind K ein perfekter Körper mit $char(K) = 2$ und G eine extra-spezielle 2-Gruppe, so gelten:

(i) $Z(rad(KG)^*) = (rad(KG)^*)^2$.

(ii) $Z(rad(KG)^*)$ ist elementar-abelsch.

Beweis: ad(i): Nach Satz 5.2.2 gilt $(rad(KG)^*)^2 \subseteq Z(rad(KG)^*)$. Sei $z \in G$, so daß $G' = G^2 = Z(G) = \langle z \rangle_{\mathcal{G}}$ gilt. Aus Proposition 1.3.9 erhalten wir $Z(rad(KG)^*) = K(z + 1_G) \oplus_K \langle \{ \overline{g^G} \mid g \in G \setminus Z(G) \} \rangle_K$. Sei $k \in K$. Dann gibt es ein $l \in K$ mit $l^2 = k$. Ist $g \in G$ mit $g^2 = z$, so ergibt sich

(1) $\quad (l(1_G + g))^2 = l^2(1_G + z) = k(1_G + z) \in (rad(KG)^*)^2$.

Sei $a \in G \setminus Z(G)$. Dann gibt es ein $b \in G$ mit $a \neq a^b$, und nach Bemerkung 5.3.1 gilt $a^G = \{a, a^b\} = \{a, az\}$. Aus
$(l(h^{-1}g + h))^2 = l^2(h^{-1}gh + g + (h^{-1}g)^2 + h^2) = k\overline{g^G} + k(h^2 + (h^{-1}g)^2)$
sowie (1) und Teil (i) von Lemma 5.3.2 erhalten wir (i).

ad(ii): Diese Aussage folgt aus Teil (i) von Lemma 5.3.2.$\diamond$

5.3.4 Proposition

Seien A eine assoziative unitäre K-Algebra und $a, b \in Q(A)$. Dann gilt $[a, b] = (1_A + a' * b')(a \circ b)$.

Beweis: Aus Teil (iii) von Bemerkung 1.1.4 erhalten wir $\{1_A + a, 1_A + b\} \subseteq E(A)$. Mit derselben Bemerkung und mit $[1_A + a, 1_A + b] = (1_A + a)^{-1}(1_A + b)^{-1}((1_A + a) \circ (1_A + b)) + 1_A$ ergibt sich $[a, b] = (1_A + a')(1_A + b')(a \circ b)$, woraus leicht die Behauptung folgt.$\diamond$

5.3.5 Folgerung

Sei K ein Körper mit $char(K) = 2$ und G eine extra-spezielle 2-Gruppe.

(i) $\forall a, b \in rad(KG) : [a, b] = (1_G + a * b)(a \circ b)$

(ii) $\forall a \in rad(KG), h \in G : [a, 1_G + h] = (1_G + a)h(a \circ h)$

Beweis: Sei $a, b \in rad(KG)$. Nach Folgerung 5.2.14 gilt $exp(rad(KG)^*) = 4$, woraus wir $a^4 = b^4 = 0_{KG}$ erhalten. Mit Teil (ii) von Bemerkung 1.1.16 ergeben sich $a' = a + a^2 + a^3$ und $b' = b + b^2 + b^3$. Nach Lemma 5.3.2 und Satz 5.2.2 sind $a \circ b$, a^2 und b^2 zentral in $rad(KG)$. Daher zeigt uns der Teil (i) von Lemma 5.3.2, daß für alle $x \in \{a^2, b^2, a^3, b^3\}$: $x(a \circ b) = 0_{KG}$ gilt.

Aus Proposition 5.3.4 ergibt sich nun leicht die Aussage (i), und aus dieser folgt (ii).◇

5.3.6 Beispiele

Seien K ein Körper mit $char(K) = 2$, $k, l \in K$, G eine extra-spezielle 2-Gruppe, $z \in G \setminus \{1_G\}$ mit $Z(G) = \langle z \rangle_{\mathfrak{g}}$ und $g, h \in G$.

(i) Mit Bemerkung 5.3.1 und Folgerung 5.3.5 erhalten wir

$$[k(1_G + g), l(1_G + h)] = (kl + k^2 l + kl^2 + k^2 l^2)\overline{(gh)^G}$$
$$+(kl^2 + k^2 l^2)\overline{g^G} + (k^2 l + k^2 l^2)\overline{h^G} + (k^2 l^2)(1_G + z).$$

(ii) Aus (i) erhalten wir für $l = 1_K$ die Gleichung

$$[k(1_G + g), 1_G + h] = (k + k^2)\overline{g^G} + k^2(1_G + z).$$

(iii) In (i) gilt in dem Spezialfall $k = l$ die Gleichung

$$[k(1_G + g), k(1_G + h)] = (k^2 + k^4)\overline{(gh)^G} + (k^3 + k^4)(\overline{g^G} + \overline{h^G}) + k^4(1_G + z).$$

(iv) Wenden wir (i) für k und l zweimal an, so erhalten wir

$$[k(1_G + g), l(1_G + h)] + [l(1_G + g), k(1_G + h)] = (k^2 l + kl^2)(\overline{g^G} + \overline{h^G}).$$

(v) Aus (iv) erhalten wir für $k \neq 0_K$ die Gleichung

$$[k^{-1}(1_G + g), k^2(1_G + h)] + [k^2(1_G + g), k^{-1}(1_G + h)] = (1_K + k^3)(\overline{g^G} + \overline{h^G}).$$

(vi) Die Bemerkung 5.3.1 und Folgerung 5.3.5 zeigen uns

$$[g + h, 1_G + h] = \overline{g^G} + \overline{(gh)^G} + 1_G + z.$$

(vii) Aus (vi) erhalten wir die Identität

$$[g + gh^{-1}, 1_G + gh^{-1}] = 1_G + z + \overline{g^G} + \overline{h^G}.$$

5.3.7 Definition

Für eine Gruppe G und einen Körper K definieren wir

$$U_{even} := \{x \mid \exists n \in \mathbb{N}_0, C_1, \ldots, C_{2n} \in \mathcal{K}(G) \setminus \{\{z\} \mid z \in Z(G)\}, x = \sum_{i=1}^{2n} \overline{C_i}\}.$$

5.3.8 Satz

Sind K ein endlicher Körper mit $char(K) = 2$ und G eine extra-spezielle 2-Gruppe, so gelten die folgenden Aussagen:

(i) $(rad(KG)^*)' \leq Z(rad(KG)^*)$

(ii) $\forall k \in K, g, h \in G \setminus Z(G) : k(\overline{g^G} + \overline{h^G}) \in (rad(KG)^*)'$

(iii) Der Index von $(rad(KG)^*)'$ in $Z(rad(KG)^*)$ ist höchstens $\frac{1}{2} \mid K \mid^2$.

(iv) Besitzt K zwei Elemente, so gilt $(rad(KG)^*)' = Z(rad(KG)^*)$ oder $(rad(KG)^*)' = \{0_{KG}, 1_G + z\} + U_{even}$.

Beweis: ad(i): Diese Aussage folgt direkt aus Satz 5.2.2.

ad(ii): Es sei zunächst angemerkt, daß $(rad(KG)^*)'$ wegen (i) und Teil (i) von Lemma 5.3.2 additiv abgeschlossen ist. Seien $g, h \in G$.

<u>1.Fall:</u> $gh \neq hg$
Sei $k \in K$. Wenden wir Gleichung (ii) der Beispiele 5.3.6 auf k^2 an Stelle von k und gh an Stelle von g an, so erhalten wir

(1) $(k^2 + k^4)\overline{(gh)^G} + k^4(1_G + z) \in (rad(KG)^*)'$.

Durch Addition von (1) mit Gleichung (iii) der Beispiele 5.3.6 gilt

(2) $(k^3 + k^4)(\overline{g^G} + \overline{h^G}) \in (rad(KG)^*)'$.

Addieren wir die Gleichungen (v)-(vii) der Beispiele 5.3.6, so erhalten wir für $k \neq 0_K$ die Aussage

(3) $k^3(\overline{g^G} + \overline{h^G}) \in (rad(KG)^*)'$.

Aus (2) und (3) ergibt sich $k^4(\overline{g^G} + \overline{h^G}) \in (rad(KG)^*)'$, und mit der Perfektheit von K folgt (ii).

<u>2.Fall:</u> $gh = hg$
Seien $k \in K$ und $x \in G \setminus (C_G(g) \cup C_G(h))$. Aus dem ersten Fall erhalten wir, daß $k(\overline{x^G} + \overline{g^G})$ und $k(\overline{x^G} + \overline{h^G})$ in $(rad(KG)^*)'$ enthalten sind. Die Summe dieser Elemente ist $k(\overline{g^G} + \overline{h^G})$, und es folgt (ii).

ad(iii),(iv): Diese Aussagen folgen direkt aus (ii).$\diamond$

5.3.9 Proposition

Seien p eine Primzahl, K ein endlicher Körper mit $char(K) = p$ und G eine p-Gruppe, so daß $rad(KG)^*$ eine spezielle p-Gruppe ist. Dann ist G eine extra-spezielle 2-Gruppe.

Beweis: Da die Nilpotenzklasse von $rad(KG)^*$ genau zwei ist, erhalten wir aus Satz 5.2.2, daß $p = 2$ und $\mid G' \mid = 2$ gelten. Wegen $Z(rad(KG)^*) = (rad(KG)^*)^2 = (rad(KG)^*)'$ ergeben die Sätze $G' = (1_G + rad(KG))' \cap G$ (siehe [8]) und $\Phi(G) = \Phi(1_G + rad(KG)) \cap G$ (siehe [18]) die Gleichung $Z(G) = G' = G^2$.◇

5.3.10 Beispiel

Seien K ein Körper mit zwei Elementen und $G = D_8$ oder $G = Q_8$. Ist $z \in Z(G) \setminus \{1_G\}$, so gelten:

(i) $(rad(KG)^*)' = \{0_{KG}, 1_G + z\} + U_{even}$
    Insbesondere ist $1_G + rad(KG)$ keine spezielle 2-Gruppe.

(ii) Die normale Hülle von $G + 1_G$ in $rad(KG)^*$ ist $(G + 1_G) * (rad(KG)^*)'$.

Beweis: ad(i): Nach Proposition 1.3.9 ist $(G + 1_G) * Z(rad(KG))^*$ ein Normalteiler vom Index 2 in $rad(KG)^*$. Dieser Normalteiler ist wegen der Folgerung 1.3.7 der Normalisator von $G + 1_G$ in $rad(KG)^*$. Also wird für alle $x \in rad(KG)^* \setminus ((G + 1_G) * (Z(rad(KG)^*))$ die Gruppe $rad(KG)^*$ von $G + 1_G$ und x $\mathcal{G}$-erzeugt. Somit wird die nach Teil (i) von Satz 5.3.8 zentrale Ableitung von $rad(KG)^*$ von den Kommutatoren $[1_G + g, 1_G + h]$ und $[1_G + g, x]$ $(g, h \in G)$ $\mathcal{G}$-erzeugt. Wegen der Beispiele 5.3.6 und des Satzes 5.3.8 müssen wir nur noch einsehen, daß für alle $g \in G$ das Element $[1_G + g, x]$ in $\{0_{KG}, 1_G + z\} + U_{even}$ liegt. Da $(rad(KG)^*)'$ nach Satz 5.3.8 zentral ist, genügt es, diese Behauptung auf einem $\mathcal{G}$-Erzeugendensystem von G nachzuweisen.

<u>1.Fall:</u> $G = Q_8 = \{1_G, i^2, i, j, k, i^{-1}, j^{-1}, k^{-1}\} = \langle i, j \rangle_{\mathcal{G}}$:
Mit Folgerung 5.3.5 verifizieren wir leicht, daß die Gleichungen $[i + j, 1_G + i] = \overline{j^G} + \overline{k^G} + 1_G + z$ und $[i + j, 1_G + i] = \overline{i^G} + \overline{k^G} + 1_G + z$ gelten. Mit $x = i + j$ ergeben sich $x \notin N_{rad(KG)^*}(G + 1_G)$ und $[x, 1_G + g] \in \{0_{KG}, 1_G + z\} + U_{even}$ für alle $g \in G$.

<u>2.Fall:</u> $G = D_8$:
Seien h, a in G, so daß $G = \langle h, a \rangle_{\mathcal{G}}$, $o(a) = 2$, $o(h) = 4$ und $h^a = h^3$ gelten. Mit Folgerung 5.3.5 verifizieren wir leicht die Gültigkeit der Gleichungen $[a + h, 1_G + a] = \overline{h^G} + \overline{(ha)^G} + 1_G + z$ und $[a + h, 1_G + h] = \overline{a^G} + \overline{(ha)^G} + 1_G + z$. Mit $x = a + h$ erhalten wir $x \notin N_{rad(KG)^*}(G + 1_G)$ und $[x, 1_G + g] \in \{0_{KG}, 1_G + z\} + U_{even}$ für alle

134

$g \in G$.

ad(ii): Seien N ein $G + 1_G$ enthaltener Normalteiler von $rad(KG)^*$ und $g, h \in G$. Aus Teil (vii) der Beispiele 5.3.6 erkennen wir, daß für $gh \neq hg$

(1) $[g + gh^{-1}, 1_G + gh^{-1}] = 1_G + z + \overline{g^G} + \overline{h^G}$

gilt. Ist $gh = hg$, so wählen wir ein $x \in G \setminus (C_G(g) \cup C_G(h))$. Wenden wir (1) auf x und g bzw. auf x und h an, so erhalten wir, daß $a, b \in G$ und $r, s \in rad(KG)$ existieren, so daß $[r, 1_G + a] + [s, 1_G + b] = \overline{g^G} + \overline{h^G}$ gilt. Zudem ist offensichtlich $[1_G + g, 1_G + h] = 1 + z$ erfüllt. Aus Teil (i) von Satz 5.3.8 ergibt sich, daß N die Menge $\{0_{KG}, 1_G + z\} + U_{even}$ enthält, und aus (i) folgt die Behauptung.$\diamond$

Durch das folgende Hasse-Diagramm fassen wir die im Laufe der Arbeit hergeleiteten Eigenschaften über die Gruppe $J := rad(GF(2)Q_8)^*$ zusammen:

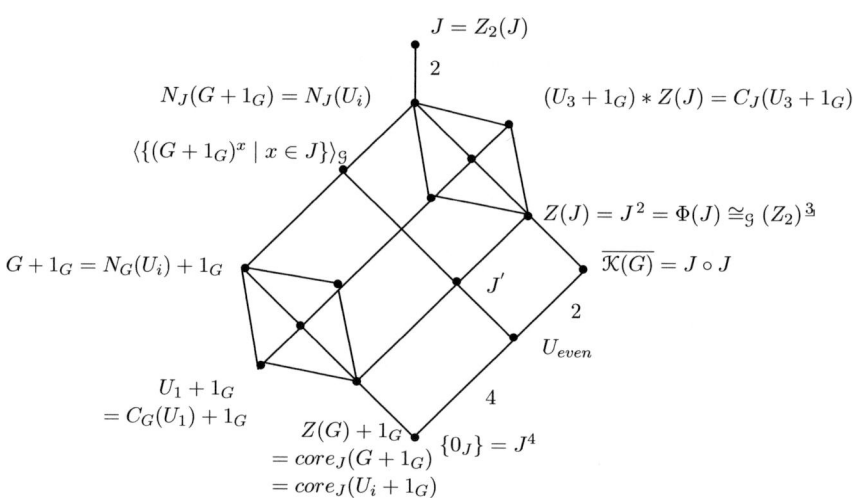

5.4 Offene Fragen und Übungsaufgaben

Im Folgenden seien p eine Primzahl, G eine p-Gruppe und K ein Körper der Charakteristik p.

Offene Fragen 5 *(i) Gilt Lemma 5.1.3 auch für die Untergruppe der p-ten Potenzen?*

(ii) Ist der Schnitt der p-ten Potenzen von $1 + rad(KG)$ mit G genau G^p?

(iii) Es ist $G_2 := 1 + rad(KG)$ eine p-Gruppe, die $G_1 := G$ enthält. Man kann also die p-Gruppe $G_3 := 1 + rad(KG_2)$ bilden, und anschliessend diese Bildung weiter fortsetzen. Eine interessante Frage ist, wie sich diese Folge von p-Gruppen verhält, z.B. hinsichtlich des Exponenten, des Exponenten des Zentrums, der Invarianten des Zentrums usw.

(iv) Wie gross sind die elementar-abelschen Faktorgruppe entlang der aufsteigenden Zentralreihe von $rad(KG)^*$ (ausgenommen das Zentrum selbst)?

(v) Sind die Faktorgruppen entlang der absteigenden Zentralreihe auch elementar-abelsch? Was ist die Struktur dieser abelschen Faktorgruppen?

(vi) Höchstens für eine extra-spezielle 2-Gruppe kann $rad(KG)^*$ speziell sein. In Fall von $G = Q_8$ oder $G = D_8$ und $GF(2)$ haben wir gezeigt, dass dies nicht der Fall ist. Der Autor vermutet, dass $rad(KG)^*$ für keine extra-spezielle 2-Gruppe und endlichen Körper der Charakteristik 2 speziell ist.

(vii) Was ist Ableitung von $rad(KG)^*$?

(viii) Ist die normale Hülle von G in $1 + rad(KG)$ stets $G \cdot (1 + rad(KG))'$? Was ist die normale Hülle einer Untergruppe oder eines Normalteiler von G in $1 + rad(KG)$?

(ix) Was ist die Kommutatorreihe von $rad(KG)^*$ und was die Struktur der abelschen Faktorgruppen entlang der Kette? Wann sind die Faktorgruppen elementar-abelsch? Wie lang ist die Kette (= auflösbare Stufe)?

Übungsaufgabe 138 *Kann $rad(KG)^*$ zyklisch sein? Wann ist sie es?*

Übungsaufgabe 139 *Kann $rad(KG)^*$ elementar-abelsch sein? Wann ist sie es?*

Übungsaufgabe 140 *Kann $Z(rad(KG)^*)$ elementar-abelsch sein? Wann ist sie es?*

Übungsaufgabe 141 *Kann rad(KG)* minimal nicht-abelsch sein? Wann ist sie es?*

Übungsaufgabe 142 *Kann Z(rad(KG)*) direkt-unzerlegbar sein? Wann ist sie es?*

Übungsaufgabe 143 *Kann Z(rad(KG)*) zyklisch sein? Wann ist sie es?*

Übungsaufgabe 144 *Kann rad(KG)* so beschaffen sein, dass jeder abelsche Normalteiler zyklisch ist? Wann ist sie es? (Tip: Zentrum)*

Übungsaufgabe 145 *Kann rad(KG)* so beschaffen sein, dass jeder abelsche Normalteiler mit zwei Elementen erzeugt wird? Wann ist sie es? (Tip: Zentrum und Kapitel 3)*

Übungsaufgabe 146 *Man beweise, dass die Ableitung von G genau der Schnitt von G mit der Ableitung von E(KG) ist. Benötigt man hier, dass G eine p-Gruppe ist oder char(K) = p gilt?*

Übungsaufgabe 147 *Man beweise, dass die Frattini-Untergruppe von G genau der Schnitt von G mit der Frattini-Untergruppe von 1 + rad(KG) ist.*

Übungsaufgabe 148 *Man versuche, dass Hasse-Diagramm am Ende der Arbeit für D_8, Q_{16}, D_{16}, SD_{16} und für $|G| = p^3$ zu zeichnen!*

Übungsaufgabe 149 *Welche Aussagen können wir über die Struktur von $1 + rad(KG)$ für $|G| = p^4$ aus den Ergebnissen dieses Buches ableiten?*

Übungsaufgabe 150 *Sei G zyklisch. Was ist dann rad(KG)? Was ist die assoziative Nilpotenzklasse des Radikals in diesem Fall? Gibt es ein Element von rad(KG), dessen Nilpotenzklasse mit der des Radikals übereinstimmt? Man beantworte die Fragen erst allgemein und anschliessend für die zyklischen Gruppen Z_3, Z_9 und Z_{81}.*

Übungsaufgabe 151 *Man beweise Proposition 5.2.1 und wende diese auf Q_8, D_8 und $|G| = p^3$ an.*

Übungsaufgabe 152 *Seien $G := D_{16}$. Wahr oder falsch:*

(i) Die Ableitung von rad(KG)* ist zyklisch.

(ii) rad(KG)* ist metazyklisch.

(iii) rad(KG)* besitzt eine zyklische maximale Untergruppe.

(iv) rad(KG)* ist eine Dieder-, Semidieder- oder Quaternionengruppe.

(v) rad(KG)* ist regulär.

(vi) Die Frattini-Untergruppe von rad(KG)* ist zyklisch.

(vii) rad(KG)* ist eine extra-spezielle Gruppe.

(viii) rad(KG)* ist metabelsch.

(ix) Z(rad(KG)*) ist abelsch.

(x) Z(rad(KG)*) ist elementar-abelsch.

(xi) Z(rad(KG)*) ist zyklisch.

(xii) Z(rad(KG)*) ist direkt-zerlegbar.

(xiii) (rad(KG)*)² ist abelsch.

(xiv) (rad(KG)*)² ist zyklisch.

(xv) (rad(KG)*)² ist elementar-abelsch.

(xvi) Z(rad(KG)*) hat den Exponenten 4.

(xvii) Die Invarianten von Z(rad(KG)*) lassen sich auf Basis von G und K ermitteln. Wenn ja, wie?

(xviii) Die normale Hülle von G in $1 + rad(KG)$ ist $G \cdot (1 + rad(KG))'$.

Übungsaufgabe 153 *Was ist das Radikal von KG und seine Nilpotenz-klasse für $G = Z_2 \times Z_2$, $G = Z_4 \times Z_2$?*

Übungsaufgabe 154 *Man prüfe, ob für die folgenden Gruppen die Aussage von Satz 5.2.2 zutreffen:*

(i) Q_8

(ii) D_8

(iii) $|G| = p^3$

(iv) $|G| = p^4$

(v) D_{16}

(vi) Q_{32}

(vii) Wenn sie gelten, dann auch für jede Untergruppe von G?

(viii) Wenn sie gelten, dann auch für jeden Normalteiler von G?

(ix) Wenn sie gelten, dann auch für jede Faktorgruppe von G?

(x) Wenn sie gelten, dann auch für $G \times G$?

Wann treffen sie zu? Wenn ja, was folgt aus Korollar 5.2.3 und aus Folgerung 5.2.4?

Übungsaufgabe 155 *Wann ist $Z_p \wr Z_p$ regulär? Wann besitzt $Z_p \wr Z_p$ eine zyklische Ableitung?*

Übungsaufgabe 156 *Was wissen wir über den Exponenten der Ableitung von $rad(KG)^*$, wenn G' die Ordnung 17 hat?*

Übungsaufgabe 157 *Was wissen wir über den Exponenten der Ableitung von $rad(KG)^*$, wenn $G' = Z_{17^3}$ ist?*

Übungsaufgabe 158 *Was wissen wir über den Exponenten der Frattini-Untergruppe von $rad(KG)^*$, wenn $\Phi(G)$ die Ordnung 17 hat?*

Übungsaufgabe 159 *Was wissen wir über den Exponenten der Frattini-Untergruppe von $rad(KG)^*$, wenn $\Phi(G) = Z_{17^3}$ ist?*

Übungsaufgabe 160 *Ist $rad(GF(2)Q_8)^*$ speziell?*

Übungsaufgabe 161 *Kann $rad(GF(3)G)^*$ speziell oder extra-speziell sein?*

Übungsaufgabe 162 *Kann der Exponent von $rad(KG)^*$ genau 17 sein?*

Übungsaufgabe 163 *Man beweise Bemerkung 5.3.1!*

Übungsaufgabe 164 *Sei N ein Normalteiler von G. Dann gilt $(1 + KGAug(KN)) \cap G = N$. Muss man dazu eine p-Gruppe annehmen, und benötigt man dazu einen Körper der Charakteristik p?*

Übungsaufgabe 165 *Seien p eine ungerade Primzahl, $n \in \mathbb{N}$ mit $n \geq 4$, K ein Körper mit $char(K) = p$ und G eine nicht-abelsche Gruppe der Ordnung p^n und vom Exponenten p. Dann existieren $x, y \in rad(KG)$, so daß $dim_K \langle x^p, y^p \rangle_K = 2$ gilt.*

Übungsaufgabe 166 *Man benutze den Artikel von Aner Shalev [26], um ausgehend von diesem – und mit den dort zitierten Artikeln – die folgenden Aussagen über die Nilpotenzklasse von $1 + rad(KG)$ zu beweisen bzw. sich in die aufgeführten Thematiken einzuarbeiten:*

    (i) Mit Hilfe des Satzes von Du gilt $cl(rad(KG)^*) = cl(rad(KG)^\circ)$. Hierdurch wie die Berechnung der Nilpotenzklasse der Einheitengruppe auf die der zugehörigen Lie-Algebra verlagert.

(ii) Es gilt $cl(E(KG)) = p$ genau dann, wenn die Ableitung von G zyklisch ist (siehe Satz 5.2.2).

(iii) Es gilt für $p \geq 5$ die Aussage $cl(KG^\circ) = 1 + (p-1) \sum_{m \geq 1} md_{(m+1)}$, wobei $d_{(m+1)}$ ein Index der sog. Dimensions-Untergruppen ist. Hierdurch wird ein systematisches Vorgehen zur Bestimmung der Nilpotenzklasse aufgezeigt. *(Jennings-Lie-Theorie zu KG°)*

(iv) Es gilt für $p \geq 5$ die Aussage $cl(KG^\circ) \equiv 1 \mod p-1$. *(Folgerung aus Jennings-Lie-Theorie zu KG°)*

(v) Seien $n \in \mathbb{N}$ mit $\mid G' \mid = p^n$ und $p \geq 5$. Dann ist $cl(E(KG)) \leq p^n$.

(vi) Seien $n \in \mathbb{N}$ mit $\mid G' \mid = p^n$ und $p \geq 5$. Dann ist $cl(E(KG)) = p^n$ genau dann, wenn G' zyklisch ist.

(vii) Seien $n \in \mathbb{N}$ mit $\mid G' \mid = p^n$ und $p \geq 5$. Dann ist $cl(E(KG)) \geq (p-1)n + 1$.

(viii) Seien $n \in \mathbb{N}$ mit $\mid G' \mid = p^n$ und $p \geq 5$. Dann ist $cl(E(KG)) = (p-1)n + 1$ genau dann, wenn G' elementar-abelsch und zentral ist.

(ix) Shalev beschreibt die Gruppen G, für die der zweit- und dritt-kleinste Wert der Nilpotenzklasse von $E(KG)$ angenommen wird.

Übungsaufgabe 167 Ziel dieser Übung ist es, das sich der Leser in die Thematik der sog. 'unitary subgroup' einarbeitet. Hierzu verwende er den Artikel von Bovdi und Rosa [7] sowie die dort aufgeführten Artikel im Literaturverzeichnis. Folgende Thematiken möge der Leser sich aneignen:

(i) Wie ist die 'unitary subgroup' definiert?

(ii) Was sind die Invarianten der 'unitary subgroup' im Falle einer einer abelschen Gruppe G?

(iii) Für $p \geq 3$ bestimme man die Ordnung der 'unitary subgroup'.

(iv) Wann ist G ein Normalteiler der 'unitary subgroup'?

140

Abbildungsverzeichnis

Literaturverzeichnis

[1] Angela Albrecht, Die Struktur der Einheitengruppe endlicher kommutativer Gruppenringe, Diplomarbeit, Kiel, 1988

[2] Bernhard Amberg, Yaroslav Sysak, Associative rings with metabelian adjoint group, Journal of Algebra, Vol. 277, Issue 2, 456-473, 2004

[3] Adalbert A. Bovdi, Zoltan Patay, On the central units of a modular group algebra, Acta. Sci. Math. (Szeged) 63, 71-82, 1997

[4] Adalbert A. Bovdi, Zoltan Patay, Ulm-Kaplansky invariant of the center of the group of units of modular group ring, Dep UkrNIINTI 360, Uk-85, 1-35, 1996

[5] Adalbert A. Bovdi, Zoltan Patay, The structure of the center of the multiplicative group of the group ring of a p-group over a ring of characteristic p, Vestsi Akad. Nauk BSSR Ser. Fiz.-Mat. Nauk 1, 1978, 5-11

[6] Adalbert A. Bovdi, A. Szakacs, A basis for the unitary subgroup of the group of units in a finite commutative ring, Publ. Math. Debrecen 46 (1-2), 97-120, 1995

[7] V. Bovdi, A. L. Rosa, On the oder of the unitary subgroup of modular group algebra, arxiv.org, Cornell University Library, 09/2000

[8] Donald B. Coleman, On the modular group ring of a p-group, Proc. Amer. Math. Soc. 15, 511-514, 1964

[9] Donald B. Coleman, D.S. Passman, Units in modular group rings, Proc. Amer. Math. Soc. 25, No.3, 510-512, 1970

[10] Donald B. Coleman, Robert Sandling, Mod 2 group algebras with metabelian unit groups, Journal of Pure and Applied Algebra 131, no. 1, 25-36, 1998

[11] L.E. Dickson, Modular theory of group matrices, Trans. Amer. Math. Soc. 8, 389-398, 1907

[12] Xiankun Du, The centers of a radical ring, Canad. Math. Bull. 35, no. 2, 174-179, 1992

[13] Bertram Huppert, Endliche Gruppen I, Springer-Verlag, Berlin, 1967

[14] S. Jennings, The structure of the group ring of a p-group over a modular field, Trans. Amer. Math. Soc. 50, 175-185, 1941

[15] Hans-Georg Knoche, Über den Frobenius'schen Klassenbegriff in nilpotenten Gruppen, Mathematische Zeitschrift, Band 55, Heft 1, 71-83, 1952

[16] Robert L. Kruse, David T. Price, Nilpotent rings, Gordon and Breach, Science Publishers, Inc., New York, 1969

[17] F. Levin, G. Rosenberger, Lie metabelian group rings, Group and semigroup rings, North-Holland, 153-161, 1986

[18] L. E. Moran, The modular group ring of a p-group, M. Phil. Thesis, University of Nottingham, 1972

[19] Donald S. Passman, The algebraic structure of group rings, Wiley-Interscience Publication, New York, 1977

[20] K.R. Pearson, On the units of a modular group ring II, Bull. Austral. Math. Soc. 8, 435-442, 1973

[21] Joseph J. Rotman, An introduction to the theory of groups, Springer-Verlag, New York, 1995

[22] Robert Sandling, Units in the modular group algebra of a finite abelian p-group, J. Pure Appl. Algebra 33, 337-346, 1984

[23] Aner Shalev, Meta-abelian unit groups of group algebras are usually abelian, Journal of Pure and Applied Algebra 72, 295-302, 1991

[24] Aner Shalev, Applications of dimension and Lie dimension subgroups to modular group algebras, Proceedings of the Amitsur conference in ring theory, Jerusalem, 85-94, 1989

[25] Aner Shalev, Avinoam Mann, The nilpotency class of the unit group of a modular group algebra II, Israel J. Math., no. 3, 67-77, 1990

[26] Aner Shalev, The nilpotency class of the unit group of a modular group algebra III, Arch. Mat. Vol. 60, 136-145, 1993

[27] Bernd Stellmacher, Hans Kurzweil, Theorie der endlichen Gruppen, Springer-Verlag, Berlin, Heidelberg, 1998

[28] D.A.R. Wallace, On the radical of a group algebra, Proc. Amer. Math. Soc. 12, 133-137, 1961

[29] A. J. Weir, Sylow p-subgroups of the classical groups over finite fields with characteristic prime to p, Proc. Amer. Math. Soc. vol.6, 529-533, 1955

Index